コンピュータの基本から理解するプログラミング

基礎C言語［入門編］

牛田啓太 著

技術評論社

本書『基礎C言語［入門編］』は，2009年発行『教える・学ぶC言語入門』を，2020年の最新技術情報にあわせ筆者が増補改訂したものです。

はじめに

もう2001年は過去になりましたが，有名すぎるSF映画「2001年宇宙の旅」の脚本を共同執筆したアーサー・C・クラーク（1917−2008）は，その著書の中で「高度に発達した科学技術は，魔法と見分けがつかない」と記しました。

私たちは，コンピュータが科学技術の賜物《たまもの》であることは知っています。しかし，とてつもない勢いで夢を現実のものにしてきたコンピュータとそれに関連する技術は，ともするとその中で何が行われているのかがわからない，「魔法の箱」になってしまいました。

さて，ご承知のように，本書はコンピュータプログラミングの入門書です。すなわち，本書が取り上げるのは，この「魔法の箱」を意のままに操る術《すべ》，です。コンピュータがどのように動いているかを知れば，「魔法の箱」のように見えていたコンピュータは，確かに，人間の知恵の結晶であることを知るでしょう。そして，コンピュータは，私たちの知恵の力を伝えることで，それこそ「魔法」のような力を発揮するのです。

コンピュータプログラムは，それ自身は，大きさも重さもありません。しかしそれは私たちの知恵の結晶として，現代社会に息づき，それを支えています。そして，コンピュータプログラムは，それに対する飽くなき好奇心と果敢な挑戦によって，世界を創り，世界を動かす力をも得るのです。たとえば，オペレーティングシステム（基本ソフトウェア，OS）「Linux《リナックス》」を創ったリーナス・トーバルズ（1969−）は，コンピュータプログラムによって世界を創り，動かした一人といってよいでしょう。本書を手にされたみなさんは，そんな世界の入り口に立っているといえます。そして，みなさんが望めば，その道は次々に開かれていくことでしょう。

本書では，プログラミングにおける基本的な考え方，プログラミング言語としてC言語を用い，その基礎，および，いくつかの有名な処理手順（アルゴリズム）を，ご案内します。取り上げる事項は基本的なものに絞り，説明は丁寧に，かつ平易であることを心がけました。入門書という性格上，本書１冊でプログラミングのすべてを習得できるわけではありません。しかし，本書の後，みなさんが望めば，その先のステップに抵抗なく進めるはずと信じています。

前置きが長くなりました。それでは，ご案内を始めましょう。

2020年　早春

牛田啓太

本書の使い方

本書は，初めてプログラミングに取り組もうとする方々のために編まれました。本書では，いきなりみなさんにプログラムを書いていただくことはせず，まず，コンピュータの基本およびプログラミングに対する考え方を身につけていただくことから始めます。C 言語プログラミングにおいては，扱う事項はごく基本的なものに絞り，覚えるべき事項も精選しました。言語の説明だけではなく，コンピュータに解かせる典型的な問題の考え方と手順も扱っています。説明は丁寧に，平易に，最大限の配慮をしました。みなさんにとって，本書がプログラミングの世界への，最初のよき案内役となることを願っています。

プログラミングは，テキストを読むだけでは習得・上達はできません。ぜひ，実際に手を動かしてください。本文中に掲げられたプログラムを実行してみてください。課題としてプログラムの書き換え・作成も用意したので，ぜひ取り組んでください。課題の解答は，解説とともに Web の本書サポートページに PDF としてご用意しています。学習にお役立てください。

●本書のサポートページ
https://gihyo.jp/book/2020/978-4-297-11211-0

本書の構成

本書は 8 章から構成されています。

第 1 章「コンピュータと情報処理」

コンピュータやプログラミングについて概観していきます。コンピュータの基本とコンピュータとプログラミングの関わり，プログラミングにおける考え方などをお話しします。

第 2 章「手続きの記述と流れ図」

コンピュータに向かってプログラミングをする前に，「流れ図」を使って**手順の記述**について学んでいきます。本書で扱う C 言語に限らず，多くのプログラミング言語では，処理の手順を記述し，コンピュータに仕事をさせます。その考え方を理解してください。

第 3 章から，C 言語を使ったプログラミングを扱っていきます。なお，C 言語のプログラムを実行できるようにするためには，一般に，そのためのソフトウェア環境（コンパイラなど）が必要になります。お使いの環境に応じてこれらを準備してください。Windows をお使いの方は，**付録 A**（238 ページ）で環境を整える方法を説明しています。

第３章「C 言語プログラム入門」

文字列を出力させるプログラムから始めて，C 言語プログラムの書き方，基本的な入出力，計算（演算）を扱います。

第４章「流れの制御」

プログラムの動作に変化を与える，判断・分岐や繰り返しとその書き方を学びます。

第５章「整数型と浮動小数点型」

C 言語における「型」の概念について扱います。特に，整数を扱う型，小数点以下を伴う数も扱える型について述べます。

第６章「配列変数」

大量のデータを扱うのに使う，「番号付きの変数群」であるところの，「配列変数」を扱います。

第７章「C 言語によるアルゴリズム」

C 言語を使って，「探す」「並べ替える」という典型的な問題を記述します。プログラミングを学ぶ上で，言語そのものばかりでなく，問題をどのように解決するのかを知ることも重要です。

第８章「関数」

処理をまとめて名前を付ける「関数」について学びます。C 言語はプログラムが関数から成り立っており，この関数が集まることで，プログラムは複雑に，大きくなっていきます。

なお，本書では，C 言語におけるポインタ，構造体，複雑な制御構造，複雑な前処理（プリプロセッサ）などは扱いません。これらは本書の後に，本書での基本を踏まえて学んでくだされればと思います。

C言語について

C 言語（単に，**C** と呼ぶこともあります）は，現在広く使用されているプログラミング言語のひとつです。手続き型言語という分類に属します。

C 言語は，1970 年代に誕生しました。以降，さまざまな分野で使われ，その後にできた多くのプログラミング言語（たとえば，C++，Java，C# など）に大きな影響を与えています。ですから，もしみなさんが C 言語のほかにプログラミング言語を習得したいと思ったならば，その多くの場面で，「1 から学びなおしではない」ことに気づくでしょう。

本書では，ANSI C という C 言語の規格に基づいて説明をします。

もくじ

●課題の解答・解説について
本書の課題の解答・解説は，Web の本書サポートページに PDF としてご用意しています。ご活用ください。
`https://gihyo.jp/book/2020/978-4-297-11211-0`
また，その他の補足情報を掲載することもあります。適宜ご覧ください。

●本書の利用に際しての前提知識について
本書は，原則的に，プログラム・課題の題材に，中学校程度の数学の知識を想定しています。これを超える内容を扱う場合は，適宜コラム等で説明しています。
また，課題において，中学数学を超える内容を使用するものは「★」印で示しています。

1

コンピュータと情報処理

1.1 コンピュータは「すごい」のか

- **コンピュータが行う複雑な処理は，単純な処理の組み合わせ**
- **コンピュータは，膨大な繰り返しを，文句も言わずに実行する**
- **コンピュータが行う「単純な処理」は，四則演算と入出力程度**
- **「コンピュータのすごさ」＝「単純な処理の組み合わせ」＋「猛烈な速さ」**

コンピュータ（computer）は「計算機」のことですが，これが電卓のような計算機とは「格が違う」のは何となくわかります。コンピュータのほうが「複雑」なことができて，「すごい」気がします。

1.1.1 コンピュータの能力の根源

ではなぜコンピュータが複雑なことができるのかというと，それは，コンピュータが「単純」だからです。実際，現在の一般的なCPU（中央処理装置）ができるひとつひとつのことは，単純で，数もたかが知れています。

その**「単純な」動作の組み合わせが，コンピュータの複雑な処理を作り出している**のです。これは実に，逆説的なことです。

もし私たちが，原子を1個1個自由に組み合わせることができたら，さまざまな物質を作り出せるでしょう。コンピュータが持つ，「原子」は，時として私たちに見たこともない世界を，計算によって見せてくれたりするのです。あるいはコンピュータは，形のない「情報」というものを錬金《れんきん》する機械なのかもしれません。

1.1.2 コンピュータのすごさ

一方，コンピュータの「すごさ」というのは，何なのでしょうか。

10桁どうしのかけ算を，私たちが暗算で行うことは，大変難しいことです。しかしコンピュータはこれを，瞬時に，まず間違いなく実行します。さらに，たとえばWWWの検索エンジンに調べたい語句を入力すれば，1兆を超えるともいわれる数のWWWページの中から，それに当てはまるものを選んでくれます。私たちが，1兆を超えるページ数の本から目的のページを見つけることを考えると，どうでしょうか。

コンピュータのすごさは，「膨大な計算を，文句も言わず，迅速に，まず間違いなく実行する」ことだといえるでしょう。実際CPUは，1秒間に何十億という命令を実行します。単純な命令を猛烈な勢いで実行することで，コンピュータは「複雑かつすごい」ものになりうるわけです。

1.1.3　人間のすごさ

しかし一方で，人間の営みには，コンピュータとは違う面があります。私たちが「考える」という動作は何なのか，それはコンピュータにできることなのか，まだよくわかっていません。

人工知能が脚光を浴びています。人工知能は世の中のさまざまな問題・課題を解決してくれるものと期待されています。人工知能が，あたかも人間が考えたか，さらには人間を超えたかのような答えを出すこともありますが，それが人間が考えるのと同じような過程で導かれたものなのか，わかっていません。

それよりも，その人工知能を生み出したのは人間です。このような「考えて，ものを作り出す」ところに，「人間のすごさ」があります。コンピュータが，将来，「コンピュータのすごさ」をもって，（もしかしたら人間と同じように）考え，創造することができるようになるのかもしれません。でも，少なくとも現在は，コンピュータにまねできない，「人間のすごさ」があるのです。これから私たちが学ぼうとしているプログラミングも，その1つでしょう。

1.1.4　コンピュータの一挙手一投足

では実際，コンピュータの「単純な動作」とはどのようなものなのでしょうか。一般的なCPUは，次のような命令を持っています。

- メモリ（記憶装置）からデータを持ってくること
- メモリへ計算結果を書き込むこと
- 四則演算・比較などの簡単な計算
- 周辺装置を制御する，周辺装置から／に入出力する

これが文字どおりの（数値の）計算結果になったり，文字になったり，絵になったり，音

になったりするのです。

私たちは，これをパズルのように組み合わせることで，コンピュータに思いどおりの動作をさせることができます。そのために，私たちは，思いどおりの動作をさせるための，これら単純な動作の組み合わせはどうなるのかを考えていく必要があります。そして，それが本当に正しいものであるかどうか，試行錯誤を繰り返すことになります。

Column

ハードウェアとソフトウェア

本書がこれから話題にしていくのは，プログラミング，すなわちソフトウェアを作る方法についてです。コンピュータはソフトウェアがなければ「ただの箱」とはよく言われますが，逆に，ソフトウェアだけあっても，装置としてのコンピュータ（ハードウェア）がなければ，それを動かすことはできません。当たり前ですが，コンピュータがその能力を発揮するには，ハードウェアとソフトウェア，両方が必要です。

高級言語（**1.4.2**〈10 ページ〉）でプログラムを作るときには，ハードウェアをそれほど意識しなくてもよくなっています。しかし，ハードウェアを理解し，コンピュータがどう動いているか理解することは，よりよいプログラムを作成するのに役立ちます。

本文中でも，CPU，メモリといった，コンピュータハードウェアの構成要素が登場しました。CPU は何ができて，どのように仕事をしているのか，メモリはどのようにデータを記憶していて，CPU とどのように連携しているのか。こういったことをはじめとして，ハードウェアを理解していくことにも，努めていってください。

1.2 コンピュータを「使う」

- **コンピュータの利用は，文字どおりの計算から，著しく拡大した**
- **コンピュータは，大規模な利用から日常生活まで，現代に浸透している**
- **コンピュータに，問題をどのように解かせるのかを教えるのがプログラミング**

黎明期《れいめいき》のコンピュータとして，1946 年の **ENIAC**《エニアック》（**図 1-1**）が有名です。ENIAC は，軍用でした。これはとてつもなく巨大な装置でしたが，性能は現在のコンピュータの足元にも及びません。しかし当時の人々はその能力に驚き，新聞には「コンピュータの計算は閃光《せんこう》のごとし」という見出しが躍《おど》りました。

黎明期から，コンピュータは著しい発展を遂げてきました。コンピュータは，何ができるようになって，私たちはそれをどのように利用しているのでしょうか。

図 1-1
[Man Working with Early Computer/ゲッティ イメージズ]

1.2.1 コンピュータ利用の発展と展開

ENIAC は，弾道計算に使われました。計算して，どこに着弾するのか，前もって知るのです。コンピュータは，数値が入力されれば，決まった手順で計算して，それを出力するのです。

そして，コンピュータがさまざまな処理を行えるようにするアイディアとして，**処理の手順を記憶しておき，それを必要に応じて入れ替えてさまざまな処理を行えるようにする方式**が編み出されました。

文字どおりの「計算」から，コンピュータが単純な作業を繰り返し行うという用途が開かれます。集計などはその 1 つでしょう。また，機械などを制御するのにも使われるようになります。

一方で，コンピュータは小型化して，さまざまなところへ進出していきます。私たちが使うパーソナルコンピュータ（パソコン）も，その小型化の 1 つの現れです。

コンピュータは，互いに通信することで，その可能性を大きく広げました。コンピュータのネットワークが世界規模で結ばれた**インターネット（Internet）**はその最たるものでしょう。

その用途も大きく広がり，仕事や生活を助けてくれる機器として，身近なところでは，当初の利用目的のような数値計算などに使うよりも，事務処理や娯楽に使うことが多くなっています。

1.2.2 もう止まらない「コンピュータ社会」

私たちの世界のいたるところに，見えるものであれ見えないものであれ，コンピュータは浸透しています。

ライフライン・銀行などのコンピュータシステムは，私たちの生活を支えています。これが突如止まったら，大騒動になるばかりでなく，私たちの命までも危うくなるかもしれません。

日常にも，コンピュータは入り込んでいます。家電製品には，それを制御するコンピュータが組み込まれています。スマートフォンは，個人用の小型のコンピュータに電話機能が搭載されたものといえます。

そして，**IoT（Internet of Things；モノのインターネット）**という言葉も聞かれるようになりました。さまざまなモノがインターネットに接続され，これらがコンピュータと連携することで，私たちの生活が便利に・豊かになると考えられています。あるいは，コンピュータ社会は，こういった方向に向かっているのです。

1.2.3 コンピュータを「使う」こと

よく言われることは，もともと「コンピュータはただの箱」であるわけで，コンピュータを動かすにはコンピュータをどう動かすのか，コンピュータに教えなければなりません。

私たちは日常の多くの場面で，「調教済み」のコンピュータを使ってさまざまな作業をしています。つまり，既成のソフトウェアを使って，目的とする作業をしています。文書が作成できるとか，表計算ができるとか，画像を編集できるとか，そういった「コンピュータが使える」という段階があります。

そして私たちは，これから，「コンピュータを調教する」側にまわろうというのです。そのための方法が**プログラミング（programming）**であり，それによって私たちは，コンピュータを「使う」ことに関しての，「一歩先」のステージへ踏み込むことになるのです。さらに，それは，創造力の発露の，1つのチャネルにもなるのです。

課題 1 コンピュータが日常に深く根付いていることに関連した事件として，1999 年に深刻化した**西暦 2000 年（Y2K）問題**があった。これはどのような問題で，それが対処されないとどのような問題が生じたと考えられていたか，調べなさい。

1.3 コンピュータを調教する方法

■ コンピュータに問題を解かせるには，問題を見極めて手順を設計することが必要
■ 問題解決の処理手順を「アルゴリズム」といい，これをプログラムとして記述して問題解決を図る

コンピュータの利用，コンピュータで解こうとする問題は，実にさまざまです。しかしそれがさまざまであっても，究極的には単純な処理の組み合わせであるということは，すでに述べました。何を，どのように，どんな順序で組み合わせるのかが，問題になるのです。

1.3.1 問題解決とプログラミング

私たちが，コンピュータを使って解決すべき課題は，多岐にわたるでしょう。しかし，コンピュータは単純な処理しかできないのですから，たとえば暗号を解きたい，と思っても「この暗号，解いておいてね」だけではコンピュータには無理な相談です。コンピュータで問題を解くには，

- 解決する問題を明確にする
- 問題を分析して解決方法を決める
- 解決方法を実現する手順を決める

ことが必要になります。つまり，**解き方を考えて，コンピュータに教えるところまでが人間の仕事**です。実に世話が焼けますが，これがコンピュータというものなのです。ですから先ほどの「暗号を解く」問題であれば，

　暗号文ともとの文，それから暗号化した方法が与えられたとき，その暗号化に使った「鍵《かぎ》」を求める

のように，問題を定めます。さらに，解決方法を，

　鍵を片っ端から使ってもとの文を暗号化し，与えられた暗号文が出てくるまで探す

と定め，その手順を，

①もとの文と暗号文を入力する
②考えられる鍵をすべて作る
③1つずつ鍵を試してもとの文を暗号化する
④暗号化した文を与えられた暗号文と比較して，合致したらそれが求める鍵
⑤合致しなかったら，次の鍵を試す（③に戻る）

のように定めます。

この手順をコンピュータに伝えるのが**プログラミング言語（プログラム言語）**という，人工の言語です。プログラム，というと運動会のプログラムを思い浮かべる方も多いと思いますが，それと大差はありません。運動会のプログラムは競技の順序が書かれていて，コンピュータのプログラムには問題解決の手順が書かれるのです。

コンピュータに手順を教え込めば，調教完了です。手順に誤りがなければ，コンピュータはその「すごさ」をいかんなく発揮して，問題を解いてくれるでしょう。

1.3.2 アルゴリズム

ここで，**アルゴリズム（algorithm：算法）**ということばを覚えてください。これは，処理の手順を表したもので，「こうすれば（まともな時間で）正しい答えが出る」というものです。このアルゴリズムを，コンピュータがわかる形に置き換えて調教する必要があるのです。使うプログラミング言語によっては，同じアルゴリズムでも，異なった形になることが多くあります。

アルゴリズムといったとき，それが「特定の処理をするためのお決まりの方法」として知られていることもあります。たとえば，「探す」「並び替える」などは，そのためのアルゴリズムがいくつも知られています。もちろん私たちが解こうとする問題ひとつひとつにも，（存在するものに関しては）アルゴリズムはあるのです。

私たちは，「問題を見極め，アルゴリズムを定め，プログラムを作り，問題を解かせる」という手順で，コンピュータで問題解決していくのです（そう，これは「『問題解決の方法』という問題」の解決手順なのです）。

課題 2 洗濯機に組み込まれているコンピュータは，具体的に何をしているのか，調べてみなさい。

課題 3 「自動販売機で缶飲料を買う」という問題を，明確に定義してみなさい。

課題 4 「自動販売機で缶飲料を買う」という問題の手順を書いてみなさい。

1.4 コンピュータのことば

- コンピュータが理解するのは0と1の集まりとして表される「機械語」
- 比較的人間のことばに近い「高級言語」があり，多くの場合これを機械語に変換して実行させる
- 高級言語には，大きく分けて「手続き型」「関数型」「論理型」がある

私たちは，コンピュータにどうやってやらせたいことを伝えればよいのでしょうか。

1.4.1 機械語とアセンブリ言語

コンピュータが扱う究極のものは「0」と「1」であることはよく知られています。ですからもちろん，コンピュータへの命令も0と1の列なのです（**機械語**）。コンピュータは投入された機械語に従って，単純な動作を積み重ねて仕事をします。

しかし，機械語は人間には大変わかりづらいものであることは確かです。そこで，コンピュータの一挙手一投足にわかりやすい名前を付けた**アセンブリ言語**があります。アセンブリ言語の命令は，たいてい機械語命令と一対一に対応します。たとえば，「足し算」の命令に「ADD」という名前を付けたりします。これは，足し算をする機械語：0と1の列に対応します。

CPUの種類によって，同様の機能を持っていても，機械語は違います。アセンブリ言語も違います。ですから，同じ動作でも，CPUの種類によって，機械語プログラムは，驚くほど違っていることがほとんどなのです。

1.4.2 高級言語（高水準言語）

結局のところ，アセンブリ言語・機械語でプログラムを作ることができ，実際にそうするケースもありますが，大きな処理ではこれでは気が遠くなります。また，コンピュータの種類によって違う言語を，それぞれ覚えていくことは，正直言って大変です。コンピュータに仕事をさせようと思っても，その前に人間がへたばってしまうかもしれません。

そこで，より人間の言語に近いとされる**高級言語（高水準言語）**が作られました。しかしそれでも，私たちが使う日本語（自然言語）のようなものではありません。あくまで「機械語などに比べて」高級である，ということです。

高級言語で書かれたプログラムは，何らかの方法で機械語に変換されて，実行されます。つまり，誰かが，「高級言語を作って，さらにそれを機械語に変換するプログラム」を作ってくれているということです。

高級言語では，日常的感覚から大きく違わない表現で，コンピュータに指示を出していきます。それぞれの高級言語について基本的な部分は，多くの場合，コンピュータの種類によらず同じように作られていて，適切な変換プログラムを使うことで，多くの種類のコンピュータでプログラムを実行させられます。

1.4.3 高級言語の種類

地球上の人々がさまざまな言語を使うのと同様に，高級言語にもさまざまな種類があります。これには，大きく分けて，

- 手続き型
- 関数型
- 論理型

があります。プログラミング言語には，それぞれ得意・不得意があったり，難易度も違ったりします。また，新しい言語も作られていきます。私たちは，行わせる処理によって，プログラミング言語を選ぶ必要があることもあります。

■手続き型言語

多くのプログラミング言語は，手続き型言語です。これは，処理の手順を，順に記述していくものです。処理が進むにつれて，「変数」と呼ばれる状態が変化していきます。代表的なものに，FORTRAN《フォートラン》，BASIC《ベーシック》，COBOL《コボル》，Pascal《パスカル》，C，C++《シー・プラス・プラス》，Java《ジャバ》，Python《パイソン》があります。私たちは，これから，C 言語を使って，プログラミングを学んでいきます。

■関数型言語

関数型言語は，入力と出力の関係を表す「関数」と呼ばれるものを適用させて処理結果を得るプログラミング言語です。数学的であるといわれます。一般には，「状態」という概念はありません。LISP《リスプ》[*1]，Haskell《ハスケル》，Scala《スカラ》が有名です。

■論理型言語

論理型言語は，定理の自動証明のような知識情報処理の分野でよく話題になります。コンピュータに「知識」を与え，その知識をもとに問題を解かせるというものです。Prolog《プロローグ》が有名です。

---

*1 LISPは関数型言語として有名ですが，「状態」の考え方を持っており，純粋な関数型言語ではありません。

Column

アセンブリ言語プログラムを見てみよう

C言語プログラムの一般的なコンパイル工程では，まずソース・プログラムがアセンブリ言語のプログラムに変換され，それが機械語プログラムに変換されます。

Visual C++では，コンパイル時に，

```
cl /Fa ソース・プログラム名
```

と「/Fa」を付けてコンパイルを実行すると，アセンブリ言語で書かれたプログラムが「.asm」の拡張子のファイルとして得られます。これを，テキスト・エディタで開いてみてください。

たとえば「『hello, world』プログラム」（62ページ）をアセンブリ言語に変換したものには，

```
; Line 3                    ; Line 4
 push    ebp                 push    OFFSET $SG2468
 mov     ebp, esp            call    _printf
```

のように書かれています。この「push」「mov」などが，CPUの一挙手一投足に対応しています。同じプログラムでも，実行対象とするCPUによって，このアセンブリ言語リストはまったく異なります。逆に，1つのソース・プログラムから，対象とする環境によって異なるアセンブリ言語（機械語）に変換させ，多くの環境で実行できるのが，高級言語の強みであるわけです。

1.5 手続き型言語あれこれ

■プログラミング言語にはさまざまなものがあり，それぞれ書き方が異なっていて，得意とする処理がある

いくつかの手続き型言語について，「2つの整数を入力させて，その大きい方を出力させる」プログラムを見てみましょう。この程度の処理であれば，プログラムの作りはほぼ同じです。書き方の違いを見てください。私たちはこれから，必要に応じて，複数のプログラミング言語を習得し，使っていくことになるでしょう。

1.5.1 FORTRAN

FORTRANは古くからある言語です。歴史と実績があり，科学技術計算を得意とします（例はFORTRAN 77)。

```
INTEGER A, B
READ(*, *) A, B
IF (A .GT. B) THEN
  WRITE(*, *) A
ELSE
  WRITE(*, *) B
ENDIF
END
```

1.5.2 BASIC

FORTRANに似た，入門向けの言語です。現在は，マイクロソフト社のVisual《ビジュアル》 Basic《ベーシック》のような，アレンジされたものが多く利用されています（例はJIS Full BASIC)。

```
INPUT A, B
IF A>B THEN
  PRINT A
ELSE
  PRINT B
```

```
END IF
END
```

1.5.3 Pascal

教育向けに作られました。汎用《はんよう》的に用いられています。Delphi《デルファイ》という開発環境で，Pascalをアレンジした言語が使われているのが有名です。

```
program max(input, output);
var a, b : integer;
begin
  readln(a, b);
  if a > b then
    writeln(a)
  else
    writeln(b);
end.
```

1.5.4 C

システム開発のために作られました。現在では汎用用途で広く用いられ，C++といった派生言語もいくつかあります。本書では，C言語でプログラミングを学んでいきます（例はANSI C）。

```
#include <stdio.h>
int main(void) {
  int a, b;
  scanf("%d%d", &a, &b);
  if (a > b) {
    printf("%d¥n", a);
  } else {
    printf("%d¥n", b);
  }
  return 0;
}
```

1.6 コンピュータのなかみ

■**現在の一般的なコンピュータは，CPU，記憶装置，入力装置，出力装置からなる**
■**現在のコンピュータは，記憶装置に，処理対象のデータだけでなく，処理手順も蓄える**

現在の一般的なコンピュータは，CPU，記憶装置，入力装置，出力装置からなります（**図1-2**）。CPUは，コンピュータ全体を制御する部分と，演算をする部分とからなっています。

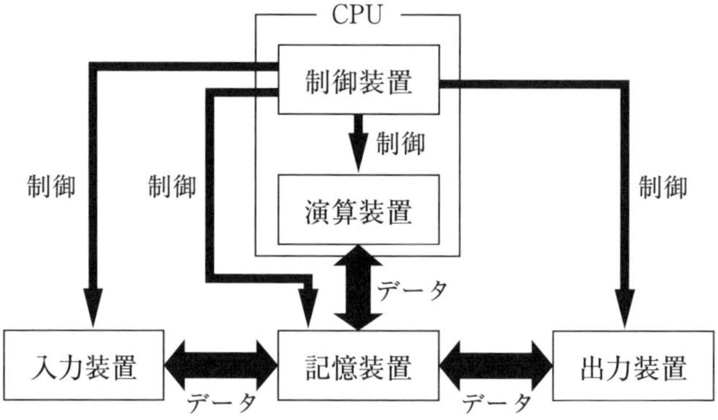

図1-2

1.6.1 入力装置

コンピュータは，何をするか教えなければただの箱です。何をするか教えるために，また，処理させたいデータをコンピュータに投入するために，**入力装置**が必要です。

入力装置といってすぐに思い浮かぶのは**キーボード**，**マウス（ポインティング・デバイス）**でしょう。ノートパソコンでは，タッチパッドが使われます。ほかにも，タッチパネル，マイク，タブレット，ゲームパッド，イメージスキャナなどがあげられます。

1.6.2 出力装置

処理結果は，出力させなければコンピュータの箱の中，闇《やみ》の中のままです。

ディスプレイ，**プリンタ**，**スピーカー**が代表的な出力装置です。

1.6.3 記憶装置

記憶装置には，入力された処理したいデータや処理結果だけでなく，処理手順（プログラム）も記憶されています（**プログラム記憶方式**）。

記憶装置には，読み書き可能なもの，読み出し専用のもの，電源を切ると記憶内容が消えるもの（揮発性）・消えないもの（不揮発性）があります。

コンピュータの主たる記憶装置（**主記憶**）は，**半導体メモリ**で，これを単にメモリと呼ぶこともあります。現在のコンピュータでは，主記憶の補助として**ハードディスク**，または**SSD（ソリッドステートドライブ）**が使われます。

コンピュータの外部に接続する記憶装置を，特に**外部記憶装置**ということがあり，**CD-ROM**（読み出しのみ），**CD-R**，**DVD-ROM**，**ブルーレイ（Blu-ray）ディスク**，大きなシステムでは**磁気テープ**も使われます。今では使われる場面が少なくなりましたが，**フロッピーディスク**，**光磁気ディスク（MO）**も外部記憶装置です。また，外部記憶装置は，入力すべきデータを蓄えたり，出力するデータを書き込んだりする役割も持ち，その意味では入力装置・出力装置とも考えられます。

1.6.4 CPU

コンピュータにおいて，実際の処理を行うのが**中央処理装置：CPU（Central Processing Unit）**です。CPUは，（それに内蔵されている）**演算装置**，入力装置，記憶装置，出力装置を制御（**制御装置**）し，実際の計算を行います。これがコンピュータの「頭脳」であるわけです。

繰り返すようですが，この「頭脳」はデータの移し変えと四則演算程度しかできない，お世辞にも頭がよいとはいえないものです。しかし，この組み合わせの結果が，ワード・プロセッサになったり，表計算になったり，ゲームになったりするのです。

1.7 コンピュータはこう動く

- コンピュータは，命令をひとつひとつ実行していく
- 分岐・条件分岐命令で命令の実行順序を変えられ，それによって選択・繰り返しができる
- コンピュータの記憶の読み書きは，基本的に記憶内容を「コピーすること」

プログラム記憶方式のコンピュータは，記憶装置に記憶されたプログラムを実行していきます。

1.7.1 手順の制御

記憶装置には，プログラムが記憶されています。CPU は，すごろくのマスをひとつひとつたどるように，記憶装置中の（機械語の）命令をひとつひとつ実行していきます。

ところが，これもすごろくのように，「6 マス戻れ」のような命令があるのです（**分岐**）。これによって，命令が実行される順番が変わってきます。ただ無条件にどこへ行けという命令だけでなく，「直前の計算結果が 0 だったら 10 個先の命令へ移動」のようなものもあります（**条件分岐**）。これらを組み合わせることで，コンピュータは次のような処理ができることになります。

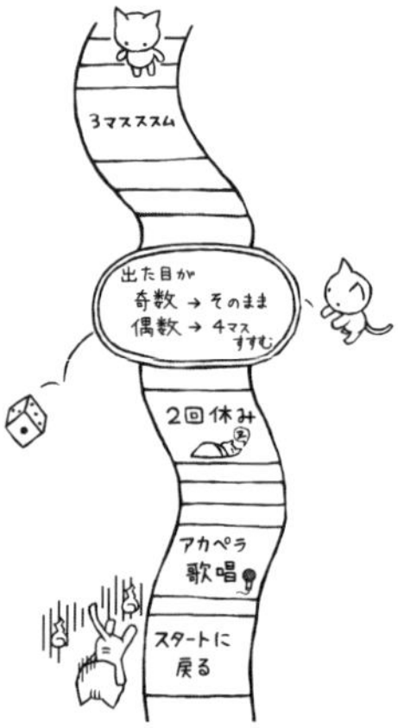

- **順次実行**：並んでいる命令を順に実行していく
- **選　　択**：入力や計算の経過・結果によって処理を選ぶ
- **繰り返し**：一連の手順を繰り返し実行する

考えてみれば，コンピュータは何万回，いや，何億回の繰り返しを黙々と実行しますが，同じ命令が何億個も書いてあるわけではありません。たとえば，1 から 1 億まで数えながら，1 億に達するまで同じ命令の場所にジャンプして，1 億回の繰り返しを実行しているのです。

1.7.2 コンピュータの「記憶」

コンピュータを構成する要素に記憶装置があって，そこには「何か」が記憶されていま

す。主記憶（半導体メモリ）は，電気的に，「0」と「1」の状態を持つようになっています。これ以外の状態は，ありません。ですから，記憶装置には，必ず「何か」が記憶されているのです。ただ，その「記憶」が意味を持つかは別問題です。そして，さらに言えば，意味のあるものが記憶されていたとしても，それをどう解釈するかという問題もあるのです。

■記憶の「読み書き」とは

ここで，注意しなければならないのは，コンピュータの記憶の「読み書き」は，基本的に**コピーすること**だということです。そして，コピー先にあったものは，コピー元の記憶の内容で上書きされます。

ですからたとえば，記憶装置のある場所の内容と，ある場所の内容とを交換したいとします。たとえばAという場所とBという場所にしましょう。ここで，

- Aの内容をBにコピー
- Bの内容をAにコピー

では，交換は行われません。Aの内容をBにコピーした瞬間，もとのBの内容は失われ，Aの内容になってしまうのです。結果，AもBも，もとのAの内容になってしまいます。ですから，一時的な場所Xを用意して，

- AをXにコピー
- BをAにコピー
- XをBにコピー

としなければ，Aの内容とBの内容は交換されないのです。

■手付かずの「記憶」

一方，まだ書き込んでない記憶領域にも，前述のように「何か」が記憶されていますが，それが何かはわかりません。これを**不定**（indeterminate）といいます。この不定の領域からいきなり読み出して処理をしようとしても，意味はないか，たいていは「何か意味のあるものが記憶されていると思い込んで読み出して処理すると妙な動作をする」という誤りの原因になりがちです。

課題5　前記の2つの場合について，Aに「3」，Bに「5」が記憶されているとして，交換が正しく行われないこと，また，正しく行われることを，それぞれ確かめなさい。なお，Xの最初の状態（不定）は「？」としなさい。

1.8 プログラムを書く・実行する

- 高級言語では，まずソース・コードとしてプログラムを記述する
- ソース・コードの扱い方により，コンパイラ型とインタープリタ型がある；それぞれに長所・短所がある

手続き型言語は，記憶の状態を変化させながら，分岐・繰り返しなどを使って処理を記述していきます。高級言語で書かれたプログラムは，最終的に機械語に変換され，実行されます。

1.8.1 プログラムを書く

私たちは，コンピュータにさせたい手続きを，プログラムとして書いていきます。プログラミング言語を選んで，その規則に従って，命令を連ねていきます。同じ処理でも言語によって違った書き方になるのは，「**1.5** 手続き型言語あれこれ」（12ページ）で見たとおりです。プログラムとして表す作業を，**コーディング**（coding）といいます。

プログラムは，多くの場合，文字の羅列（テキスト）を扱うソフトウェア：**テキスト・エディタ**（text editor；単に**エディタ**〈editor〉ということもあります）を使って書いていきます。プログラムを書くための支援機能が付いたテキスト・エディタや，こういったテキスト・エディタが組み込まれた，プログラム作成を支援するソフトウェア（統合開発環境）を使うこともあります。言語によっては，コンピュータと対話的にプログラム作成をするものもあります。

1.8.2 コンピュータがわかるのは機械語だけ

いくら高級言語で書いたところで，結局コンピュータは機械語しかわかりません。ですから，私たちが書いたプログラム・コード（この「原稿」ともいえるプログラム・コードを，**ソース・コード**〈source code〉または，**ソース・プログラム**といいます）を，機械語に直す必要があります。この直し方には，大きく2通りあります。

■コンパイラ式

1つは，前もって機械語に一括変換してしまう方式で，コンパイラ式といいます。**コンパイラ**（compiler）と呼ばれるプログラムでソース・コードを処理して（この処理を**コ**

ンパイル〈compile〉[*1]といいます），機械語のプログラムを作ります。この機械語のプログラムを，直接コンピュータは実行します。私たちが扱うC言語は，主にコンパイラ式の言語です。FORTRAN，Pascal，C++も，主にコンパイラ式です。

コンパイラ式では，プログラムは機械語になって，コンピュータはこれを一気に実行するので，一般に高速です。ただし，実行のために，コンパイルが必要になります。

また，機械語はコンピュータの種類によって違いますから，最終的なプログラムを実行できる環境は，限定されます。ですから，一般に，あるコンピュータ用の機械語プログラムは，別のコンピュータで実行できません。その「別のコンピュータ」用のコンパイラでコンパイルした別の機械語プログラムが必要になります。

■インタープリタ式

もう1つは，**インタープリタ（interpreter）**と呼ばれるプログラムに，ソース・コードを読み込ませて，その場その場で機械語に直しながら実行させる形式で，インタープリタ式と呼ばれます。BASIC，Pythonは，インタープリタで処理されることが多い言語です。そのほか，Perl《パール》やRuby《ルビー》なども主にインタープリタで実行される言語です。

インタープリタ式では，前処理を必要とせずにいきなり実行できますから，手間がかかりません。ですが，「いちいち解釈」しながら実行するので，一般に速度はコンパイラ式に劣ります。

一方で，その言語を解釈できるインタープリタならば，コンピュータの種類が違っても，同じソース・コードを受け付けて実行できます。

---

*1 「compile」は，もともと「資料を集める」という意味。

■折衷《せっちゅう》型

さらに，この中間の方式をとる言語もあります。Javaは，ある程度までインタープリタ（Javaでは仮想マシンと呼びます）が処理しやすいようにコンパイルして（ここでできるのは機械語のプログラムではなく，バイト・コードと呼ばれるインタープリタ用のプログラム），それをインタープリタが実行します。「プログラムを，機械語までいかなくとも，かみ砕いておくことで，高速に実行できる」コンパイラ式の利点と，「同じバイト・コードを解釈できるインタープリタならば，コンピュータの種類を選ばない」インタープリタ式の利点の両方をある程度あわせ持っています。

1.9 プログラムが動くまでの道のり

- プログラムには誤り（バグ）がつきもの；コンパイラなどが検出したり，誤動作となって現れたりする
- 一発で正しく動作するプログラムはむしろ珍しい；デバッグしてプログラムを完成させる
- プログラミングとは「マッチ棒で飛行機を組み立てるようなもの」

問題を分析し，手順を考え，それをコーディングしても，プログラムが動くとは限りません。コンピュータは間違わなくても，それを指令する人間は間違いを犯すでしょう。

1.9.1 処理プログラムが検出する誤り

プログラミング言語には，文法規則や取り決めがあります。ですから，書いたプログラムが文法に合っていなかったり，決まりを守っていなかったりすると，コンパイラやインタープリタは誤りを報告して停止します。

間違えたのがわかるのだったら直してくれればいいのに，と思うわけですが，事はそれほど単純ではないのです。コンピュータが気を利かせて直しても，それがプログラム作成者の意図と違った結果をもたらすことになっては，それは「余計なお世話」になってしまいます。ですからコンピュータは，誤りを報告するだけなのです。

私たちは，処理プログラムの報告をもとに，ソース・コードを直さなければなりません。

1.9.2 「思いどおりに動かない」！

コンパイラ式に限れば，コンパイルが何事もなく完了すれば，動作させてみるということになります。しかし，たいていの場合，最初は思いどおりには動きません。突然停止してしまったり，逆に止まらなくなったり，あるいはおかしな結果が出てきたり……。

その原因は，単純な勘違いだったり，手順を誤って設計していたりと，さまざまです。ある特別な入力の場合に限って，おかしな動作をすることもあります。考えられるすべての入力に対して正しい動作になるか調べる，これは不可能か不可能に近いことです。結果をもれなく想定するのも，難しいことです。

1.9.3 バグと闘う

コンピュータのプログラムに潜む誤りを，**バグ**（**bug**）といいます。そしてそれを修正する作業を，**デバッグ**（**debug**）といいます。デバッグが完了してはじめて，まともに動くプログラムができあがります。デバッグにはテクニックがあり，また，デバッグを支援してくれるソフトウェアもあります。

しかしデバッグも人間のやること，完璧《かんぺき》とはいきません。売られているソフトウェアも，バグが残っていて，誤動作するものばかりです。コンピュータに関わるものに関しては，未完成といってよいものが堂々と売られている，実に妙な実情があり，それはあるいは致し方ないことです。しかしそれでも，私たちはプログラムの誤りを限りなくゼロまで減らす努力をする必要があるでしょう。

1.9.4 結局「プログラミング」とは

コンピュータは，単純な動作を積み重ねて，全体として複雑な動作をします。高級言語でプログラムするといっても，機械語ほどではないにせよ，単純な処理の積み重ねです。それが集まって，私たちの目に触れるたくさんのソフトウェアが作られています。無名の職業プログラマがふと WWW の掲示板に書き込んだ，「プログラミングとは，マッチ棒で飛行機を組み立てるようなものです」というのは，実に言いえて妙だと感じます。

私たちがこれから作っていくプログラムは，はじめは実に単純で，あるいは退屈でつまらないものもあるでしょう。これが最終的に，たとえば大作ゲームのようになるのか，それを作れるようになるのか，疑いを持つかもしれません。大きなプログラムは大人数で開発するという事情もあります。ですから**一人で**大作ゲームを作るのは確かに難しいでしょう。ですが，それを開発しているプログラマのひとりひとりの実力に追いつくことは，無理なことではないのです。じゅうぶんなプログラミングの基礎知識・経験があれば，それに加えて，たとえばゲームならゲームをプログラムするに際しての独特の処理のしかたを知ればよいのです。逆にいえば，その「独特な処理のしかた」を，一般的なプログラミングのテキスト・授業では知らされないから，目標や憧《あこが》れに隔たりを感じてしまうのでしょう。

プログラムが組めるようになるには，考え，手を動かし，経験することが必要です。そのために，まずは，小さなものから，プログラムを読んだり書いたりしていかなければならないのです。

本章のチェックポイント

- □ コンピュータはなぜ複雑な処理ができるのか，説明できますか？
- □ コンピュータに問題を解決させるための手順の概要を説明できますか？
- □ 「アルゴリズム」という言葉を説明できますか？
- □ 「手続き型言語」はどのようなプログラミング言語の総称か，説明できますか？
- □ コンピュータの一般的な構成について，説明できますか？
- □ コンピュータの記憶装置に記憶されている内容を「交換」するときの手順を説明できますか？
- □ コンパイラ方式のプログラミング環境で，プログラムを書いてから実行させるまでの手順の概要を，説明できますか？

2

手続きの記述と流れ図

2.1 処理の手順を図で表す

■処理手順・内容を，図形を使って表す方法として，流れ図(フローチャート)がある
■流れ図では，処理などを記号で表し，その流れを矢印・線で結んで表現する

処理の手順･内容を，あいまいさを排除して記述する方法として，**流れ図（フローチャート〈flowchart〉）**があります。これは，図形を使って処理手順・内容を視覚的に表す方法です。

2.1.1 流れ図の基本的な書き方

流れ図は，「どんな種類の処理か」を表す図形を，線や矢印で結んで処理手順・内容を表します。この書き方は，JIS の規格中で決められています[*1]。まずは，次の表の 2 つの記号を覚えてください。

記　号	記号の名称	記号の意味
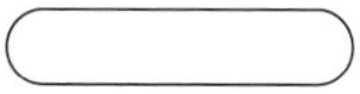	端子	プログラムの開始・終了など。
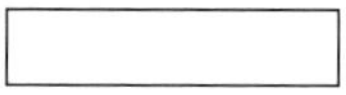	処理	一般的な処理。

ほかにも数多くの記号があります。たとえば，Microsoft Office の「図形」の中に，「フローチャート」としていくつもの記号が登録されていますが（**図 2-1**），これらが流れ図に使う記号です（めったに使わない記号，プログラムの流れ図では使用しない記号もあります）。「処理」に関して，その種類によって記号を使い分けることもあります。

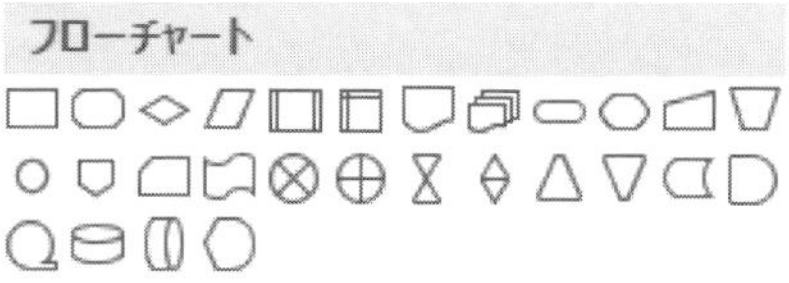

図 2-1

*1　JIS X 0121:1986，情報処理用流れ図・プログラム網図・システム資源図記号。

2.1.2 簡単な流れ図と流れ図の約束

神社でのお参りでは，一般に，鈴を鳴らして，「二《に》拝《はい》二《に》拍《はく》手《しゅ》一《いっ》拝《ぱい》(二礼二拍手一礼)」という作法を行います。二拝二拍手一拝は，

- 2 回深くお辞儀をする
- 2 回手を打つ
- 1 回深くお辞儀をする

という手順です。このそれぞれを，1 つの「処理」の記号に当てはめて流れ図で書くと，**図 2-2** のようになります。

ここで，流れ図は，

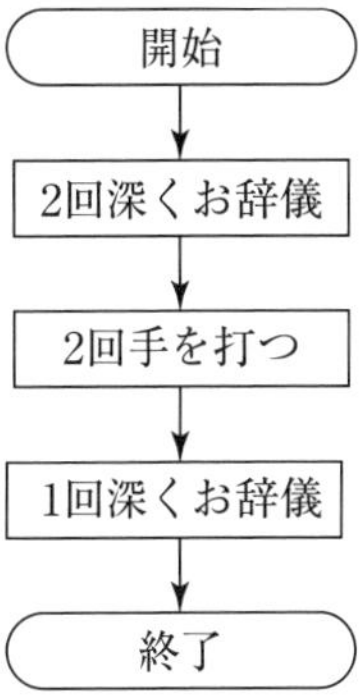

図 2-2

- 記号は間隔をあけて（できれば等間隔で）書き，線または矢印で結びます。記号は同程度の大きさが好ましいでしょう。
- 1 つの記号に「入る」ことができる矢印（線）は，1 本のみです。
- 「処理」の記号から出る矢印（線）は，1 本だけです。枝分かれも許されません。
- 処理の流れは，原則として，「上から下」または「左から右」とします。
- 処理の流れの順序が明らかなとき（上から下へ流すときなど）は，（矢尻《やじり》を付けない，単なる）線で結んでもかまいません。たとえば**図 2-2** の流れ図では，矢印の代わりに線で結んでもかまいません（ただ，すべて矢印にしておくと間違いが少なくなるでしょう）。

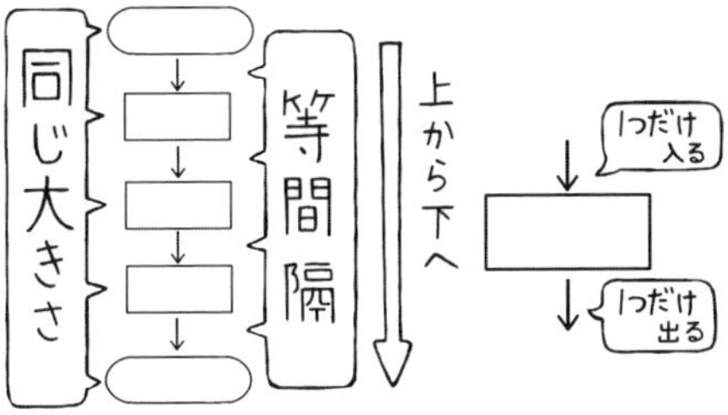

という書き方の約束があります。

課題 6　今日の 1 日の授業を，端子を「始業」「終業」として，流れ図で表してみなさい。

2.2 判断と分岐(1)

- 条件によって処理が異なる場合には，「判断」の記号を使って分岐がある流れ図を書く
- 「判断」の記号は，1つの入り口と複数の出口がある
- 処理の合流は，流れ図中の線に別の線を(矢印を付けて)接続する；記号に複数の矢印(線)が入ってはいけない

コンピュータの処理には，入力や計算経過によって分岐するものが多くあります。この「判断・分岐」を流れ図で表すには，「判断」の記号を使います。

2.2.1 「判断」の記号

「判断」の記号は，次の表のように，ひし形をしています。

記　号	記号の名称	記号の意味
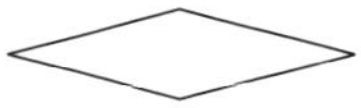	判断	記号内に書かれた条件を判断し，分岐。

「判断」の記号には，1本の矢印（線）が入り，複数に分岐して出てきます（複数の矢印が出ること，枝分かれが許されます）。2分岐，3分岐，またはそれより多分岐の場合もあります。「判断」の記号を使った書き方の例を，**図 2-3** に示します。

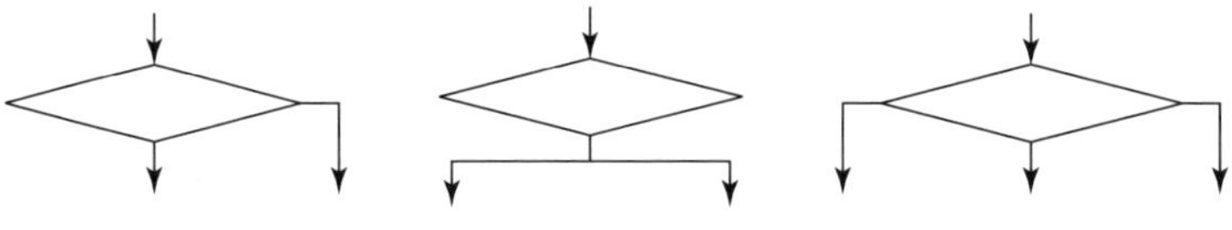

図 2-3

当面は，2分岐のみを考えることにしましょう。記号の中には，調べるべき（評価するべき）条件が入ります。そして，それぞれの出口では，どんな条件が成立したかを，線の近くに書き添えます。条件が「はい／いいえ」で判断できる場合には，**図 2-4** のように，それぞれの出口の線に「Yes／No」「Y／N」「はい／いいえ」を書いて分岐させることになります。

この「Yes／No」の2分岐は，多くのプログラミング言語が持つ判断の形式で，最も多用するものです。当面は，この形式を中心に「判断」を扱うことにします。

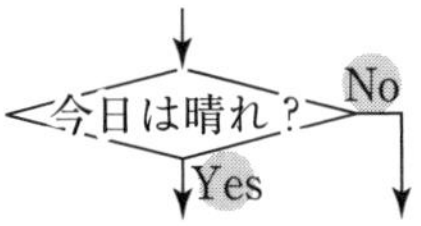

図 2-4

2.2.2 合流

判断の後，分岐してそれぞれに対する処理を実行したら，合流します。合流は，矢印(線)を，別の線に接続します（**図 2-5・左**）。合流させるとき，処理などの記号に飛び込ませてはいけません（**図 2-5・右**）。

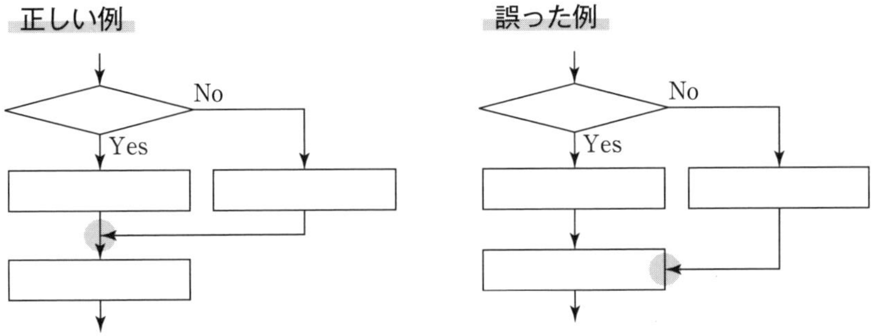

図 2-5

2.2.3 簡単な選択処理

多くのプログラミング言語の条件分岐に対応する流れ図として，2分岐について，「条件が成り立ったときのみ実行」（**図 2-6・左**）「条件の成否によって処理を分ける」（**図 2-6・右**）があります。

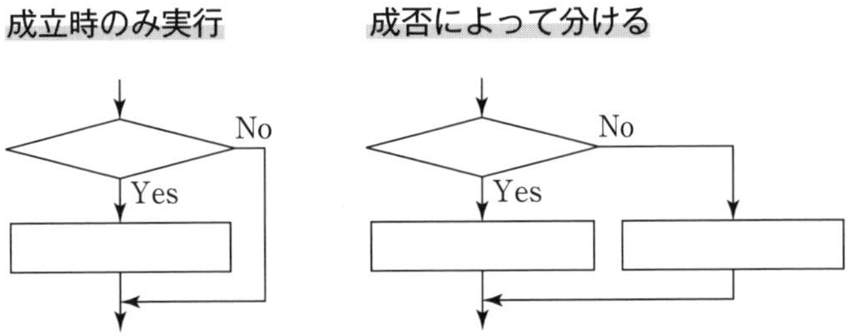

図 2-6

たとえば,「雨が降っていたら傘をさす」に対応する流れ図は,**図 2-7** のように書くことができます。

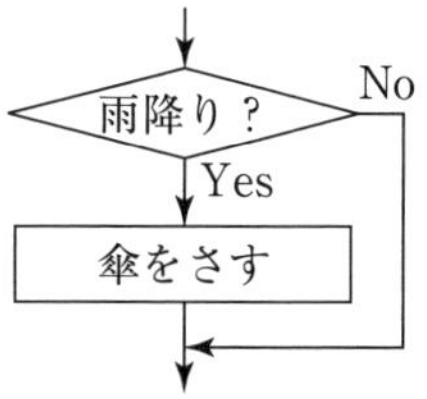

図 2-7

課題 7　「勇者が城に立ち寄ったとき，王様に謁見《えっけん》する。その前に，体力が最大の 4 分の 1 未満だったら宿屋に泊まる」。これを，端子を「城に立ち寄る」「城から出る」として，流れ図で表しなさい。

課題 8　「土休日だったらアルバイトへ行き，それ以外だったら学校へ行く」。これを，端子を「1 日の始まり」「1 日の終わり」として，流れ図で表しなさい。

2.3 判断と分岐(2)

■多分岐は，2分岐の積み重ねで表すことができる
■多分岐は，多くのプログラミング言語で，制限された形でしか利用できない；その場合は2分岐で表さなくてはならない

判断の結果，3方向以上へ分岐することもあります。これは，「判断」の記号から直接3方向以上に分岐することもできますが，2分岐を繰り返してもこれを表現することができます。

2.3.1 ハメハメハ大王の子供ら

「南の島のハメハメハ大王」の子供らは，これまた名前が「ハメハメハ」で，学校嫌いなものですから，

風が吹いたら遅刻して
雨が降ったらお休みで *1

という学校生活を送っています。これ以外の場合はおとなしく「学校へ行く」ものとして，ハメハメハ大王の子供らの，その日の天気に応じた行動を，流れ図で表してみます。端子は「1日の始まり」「1日の終わり」としましょう。

子供らは，まず，その日の天気が「風」だったら，学校に遅刻します。そうでなくて，「雨」だったら，学校を休んでしまいます。そうでなかったら，学校へ行きます。

これは結局は3分岐しているわけですが，先ほどの文章から判断を2回していることがわかります。つまり，この流れ図は，**図2-8**のようになります。

このように，「……かどうか，さもなければ，……かどうか，さもなければ，……」という形で，多分岐することができます。つまり，**多分岐は，2分岐の積み重ねで表すことができます**。たいていのプログラミング言語は，「No」の分岐の先に，次に判断するべき条件をぶら下げていく書き方が用意されていますから，多分岐の方法として，まずはこの形式を身に付けてください。

---

*1 「南の島のハメハメハ大王」（伊藤アキラ・作詞，森田公一・作曲）より引用。　日本音楽著作権協会（出）許諾第0908365-901号

ただし，この場合，「雨が降っていて，しかも風が吹いている」という場合，どちらを先に判断するかによって結果が変わってきます。

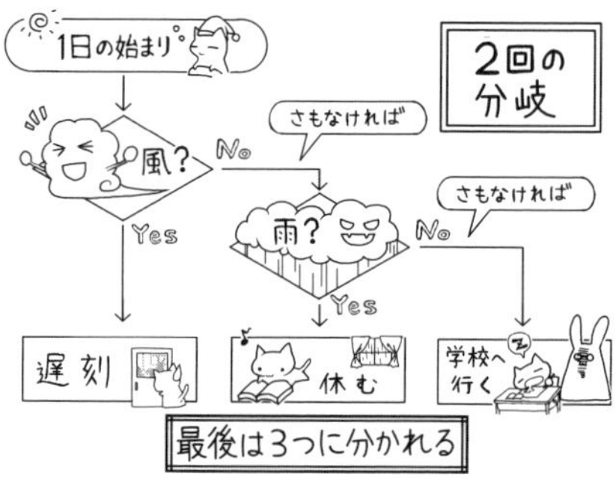

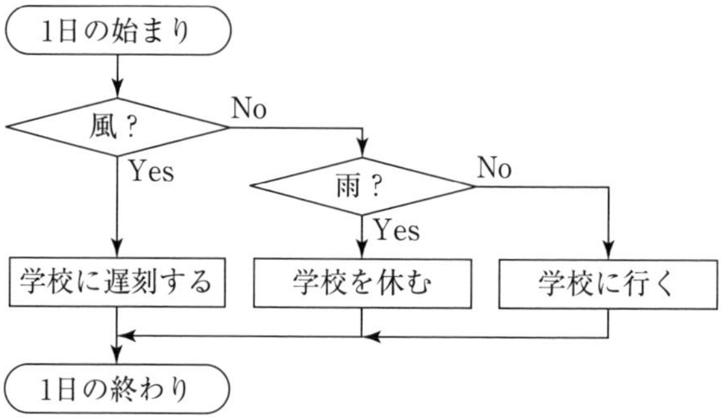

図 2-8

2.3.2 プログラミング言語と多分岐

分岐は，プログラムが複雑な動きをする原動力の 1 つです。手続き型言語は例外なく 2 分岐を持っていて，これは複雑な条件で分岐できます。一方，多分岐を備えるものもありますが，多くの場合，「1 のとき，2 のとき，3 のとき，……」のような単純な条件でしか分岐できません。私たちがこれから学ぶ C 言語も，2 分岐は複雑な条件が使えますが，多分岐は単純な条件に限られます。

ですから，まず 2 分岐を使って，さまざまな条件を表すことができるようになることが重要です。

課題 9 「ハメハメハ大王の子供ら」の例で，風が吹いて，しかも雨が降っている場合は，子供らは「お休み」するものとして，2 分岐の形式のみを使用した流れ図を書き直してみなさい。

課題 10 長さが 14〜23.5 cm，幅 9〜12 cm，厚さ 1 cm までの郵便物を考える。この料金は，重量が 25 g までは 84 円，重量が 50 g までは 94 円，それを超えると定形外郵便物の料金表に従う。端子を「分類開始」「分類終了」として，先述のサイズの郵便物の料金を決定する流れ図を，2 分岐の積み重ねで書いてみなさい。

2.4 繰り返し(1)

- **繰り返しは，「繰り返すべきかどうか」を判断して，「繰り返すべき」と判断されたら，繰り返すべき処理に戻る**
- **繰り返しの条件を考えるにあたって，「……の間」か「……になるまで」かを考える**

処理が始めから終わりへ，ただ流れるだけならば，あらゆる処理は一瞬で終わってしまいます。処理によっては，複数のものを扱ったりしなければならないこともあります。このようなときに使うのが，**繰り返し**です。

2.4.1 当たるまでくじを引き続ける人

世の中には負けず嫌いといいますか，くじなどを当たるまで引き続ける人がいます。似たようなものに，上がるはずだと思って株を持ち続ける人もいますが，得てしてその結末は本人の思い描くものと傍目から思い描くものでは違っていたりします。

さて，この「当たりが出るまでくじを引き続ける」を流れ図で書いてみます。これは，言い換えると「当たりが出るまでくじ引きを繰り返す」ということになります。

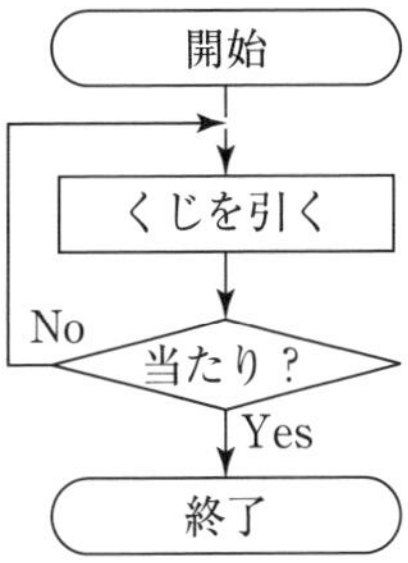

図 2-9

流れ図で表すにあたって，もう少し細かく見てみると，これは，

①くじを引く
②当たりが出たら終了，そうでなかったら①へ戻る

ということになります。つまり，繰り返しには，原則として，「続けるか，やめるか」の判定が必要になるのです。

ですから，この「当たりが出るまでくじを引き続ける人の行動」は，**図 2-9** のように表すことができます。

ここで，当たりでないときは戻っているわけですが，そのときに，合流させる矢印は「くじを引く」の処理記号に直接飛び込むのではなく，その直前の矢印に接続することを確認してください。

2.4.2 「……の間繰り返し」と「……になるまで繰り返し」

繰り返しの条件を判定するのに，気を付けなければならないことがあります。それは，「条件が成り立っている間繰り返し」か「条件が成り立つまで繰り返し」かということです。つまり，

- 「条件が成り立っている**間**繰り返し」→判断結果が Yes ならば繰り返し
- 「条件が成り立つ**まで**繰り返し」→判断結果が No なら繰り返し（条件が成り立ったら判断結果が Yes になって終了）

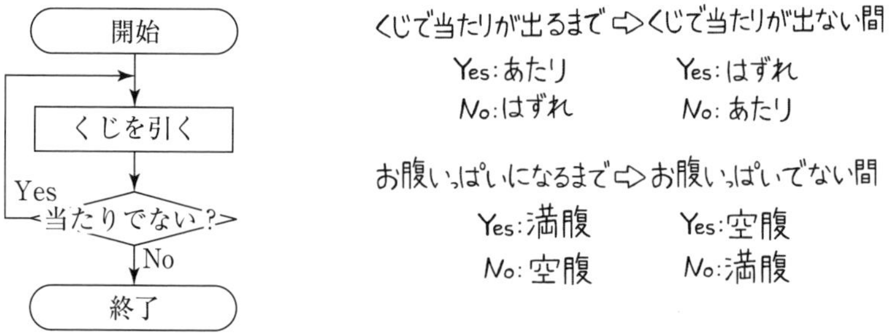

図 2-10

ということになります。先ほどの流れ図は，「当たるまで繰り返し」ですから，「当たりか？」という判断が「No」のときに繰り返しになります。つまり，これは後者のパターンです。

一方，「……の間繰り返し」と「……になるまで繰り返し」は，互いに書き換えることができます。条件を反対にして，Yes と No を入れ替えればよいのです。たとえば，先ほどの「当たりが**出るまで**くじを引き続ける人の行動」は，「当たりが**出ない間**くじを引き続ける人の行動」と書き換えることができて，その流れ図は，**図 2-10** のようになります。

これはささいなことかもしれませんが，繰り返しの判断が「Yes」か「No」かを入れ替えることができるという意味で，重要になります。

プログラミング言語での繰り返しは，言語によって，「……の間繰り返し」と「……になるまで繰り返し」が両方用意されているもの，または片方しか用意されていないものがあります。C 言語は，「……の間繰り返し」（条件が「Yes」の間繰り返し）しか用意されていません。ですから，**「……になるまで繰り返し」は，「……でない間繰り返し」に読み替えてコーディングしなければならない**のです。

課題 11 トランプを 1 組（1 枚以上），山札として置く。山札がある間，1 枚ずつ引いていく過程を，「条件が Yes のとき繰り返し」「条件が No のとき繰り返し」のそれぞれの形式で，流れ図で表しなさい。

2.5 繰り返し(2)

- 繰り返しには，繰り返すべき処理の前に繰り返すか判定する「前判定型」と，繰り返すべき処理を１度実行してから繰り返すか判定する「後判定型」がある
- 後判定型は前判定型に書き換えられるが，どちらか一方のほうが表しやすい繰り返し処理もある

繰り返しは，繰り返すかどうかの判定を行って，それで処理が実行されます。そのとき，「繰り返すかどうかをいつ判断するのか」を見極めないと，思わぬところで「妙な事態」が起こってきてしまいます。

2.5.1 商店街の福引き

売り出し期間中の商店街やショッピングモールの，定番の催しに福引きがあります。買い物をすると福引き券がもらえて，その枚数だけ会場でくじが引けるのです。

では，福引き券１枚につき１回抽せんできるものとして，手持ちの福引き券がなくなるまで抽せんするという状況を，流れ図で表してみます。

これは，「福引き券がある間は繰り返し」ということで，「**2.4** 繰り返し（1）」の流れ図（33 ページ）でみた形式で，**図 2-11・上**のように書けそうな気がします。しかしこれではいけません。なぜなら，福引き券を持っていなくても抽せんできてしまうからです。開始から，「抽せんする」へ，（ないはずの福引き券を渡して）無条件に流れ込むことができてしまうのです。

ですから，抽せんする前に，福引き券があるかどうか調べます。そうすれば，福引き券を持っていなければ，１回も抽せんせずに終了になります。そうなるように流れ図を書き換えると，**図 2-11・下**のようになります。

２つの流れ図を見比べると，繰り返すかどうかの判定を，繰り返すべき処理の前に行っているか，後に行っているかが違います。ここで，

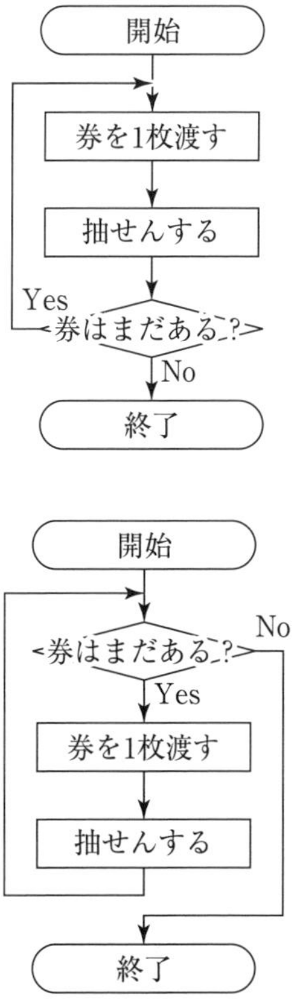

図 2-11

- 繰り返すかどうかの判定を，繰り返す処理の**前**に行うものを**前判定型**の繰り返し
- 繰り返すかどうかの判定を，繰り返す処理の**後**に行うものを**後判定型**の繰り返し

といいます。

2.5.2 前判定型繰り返しと後判定型繰り返し

前判定型と後判定型の繰り返しの大きな違いは，

- 前判定型は，一度も実行されないことがある
- 後判定型は，最低でも 1 回は実行される

という点にあります。

さて，福引きの流れ図は，1 回も抽せんしないことがありますから，前判定型でないとまずかったわけです。では，「**2.4 繰り返し（1）**」の流れ図（33 ページ）の「当たるまでくじを引く人」は後判定型の繰り返しでないとまずいのでしょうか。

これを何も考えずに前判定型にすると，「一度もくじを引いていないのに当たったかどうか判定する」という，訳のわからないことをしなければなりません。この場合，「当たりかどうか」というのは「くじを引いた後」にわかることなので，まず 1 回くじを引く必要があるのです。

しかし実際，これを前判定型に書き換えることができます。繰り返しに入る前に，まず 1 回，くじを引けばよいのです。

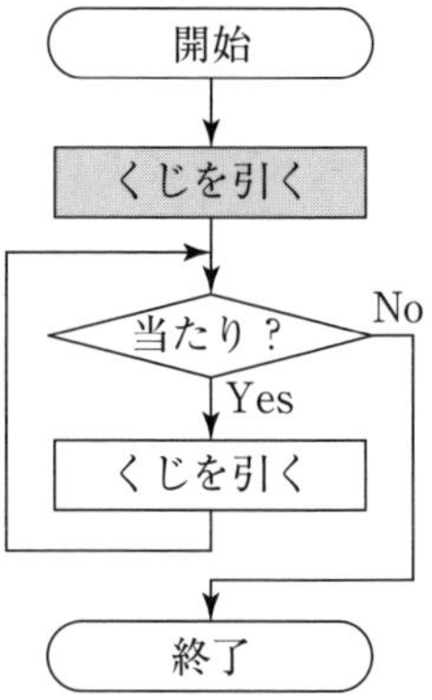

図 2-12

よって，前判定型に書き換えた流れ図は，**図2-12**のようになります。すなわち，後判定型繰り返しを前判定型繰り返しに書き換えるには，**1回分を繰り返しの継続判定の前に実行しておけばよい**のです。

後判定型の繰り返しは，前判定型の繰り返しに書き換えることができます。ですが，**図2-12**のように，冗長になってしまうことがあります。実際，繰り返しは前判定型だけで書いていくこともできますが，後判定型と使い分けることで，すっきりと書くことができるのです。

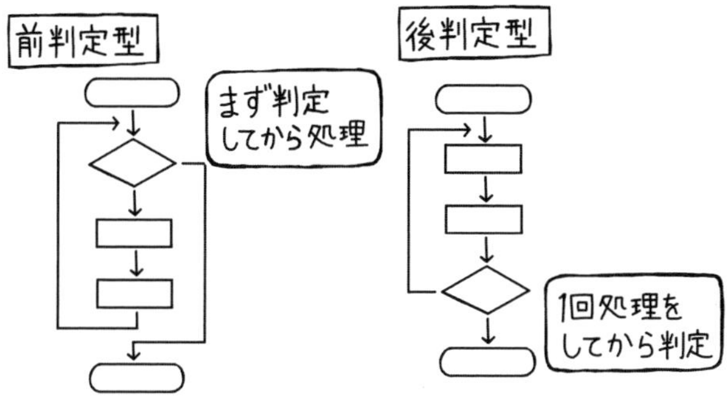

課題12 トランプの「ババ抜き」では，まず配られた手札を見て，ペアになっているものがあったら1組ずつ場に出していく。ペアになっているカードがなくなったらもう場には出せない。最初に配られた手札から，ペアを場に出し切るまでの手順を，流れ図で書きなさい。ただし，ペアを場に出し尽くして手札がなくなってしまうことは考えなくてよい。

2.6 繰り返し(3)

■前判定型でも後判定型でもない繰り返しは，前判定型に書き換えられる
■処理・判断・繰り返しの組み合わせで，複雑な処理も流れ図で書ける

一般的な処理，判断，繰り返し，それぞれは「単純」でありますが，それらの組み合わせで，かなり複雑な流れ図を書くことができます。

2.6.1 繰り返しの前判定型への書き換え

流れ図を書くと，前判定型でも後判定型でもない繰り返しを使ったものになることがあります。すなわち，繰り返される処理の途中に継続判定のための判断の記号が入る形式です。この形式を，そのままプログラムすることもできますが，プログラミング言語の多くが用意している，前判定型の繰り返しに書き換えたほうが，行儀よく書けます（すべての繰り返しは，理論的には前判定型で表すことができるのでした）。

「継続条件が繰り返される処理の途中にある繰り返し」は，次の手順で前判定型に書き換えます（**図2-13**）。

- 繰り返し継続判定の判断の記号の前にある処理を，1回分繰り返しの外に出す
- その処理を，繰り返す処理の末尾に追加する

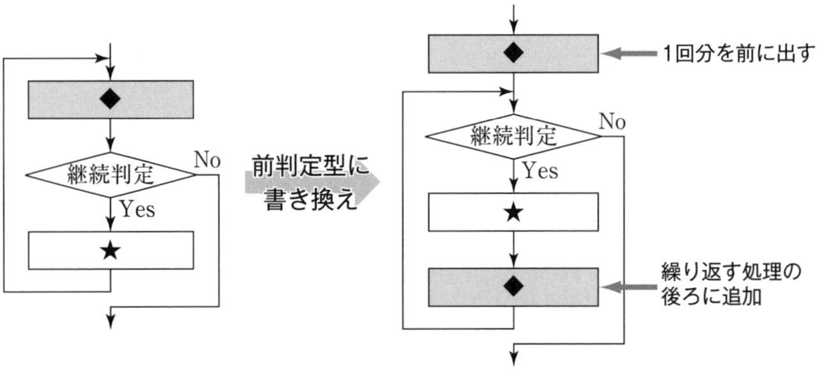

図 2-13

2.6.2 複雑な流れ図と「帰りの課題」

これまでの，処理・判断・繰り返しの組み合わせで，かなり複雑な処理も流れ図として表すことができます。

たとえば，次のような状況を考えてみます。小学校でかけ算九九を習い始めると，下校前に先生は児童を並ばせて，1人ずつ，かけ算九九の一部分，たとえば「7の段」を暗唱させて，正しく言えたら帰します。正しく言えなかったら列に並び直して再挑戦させます。

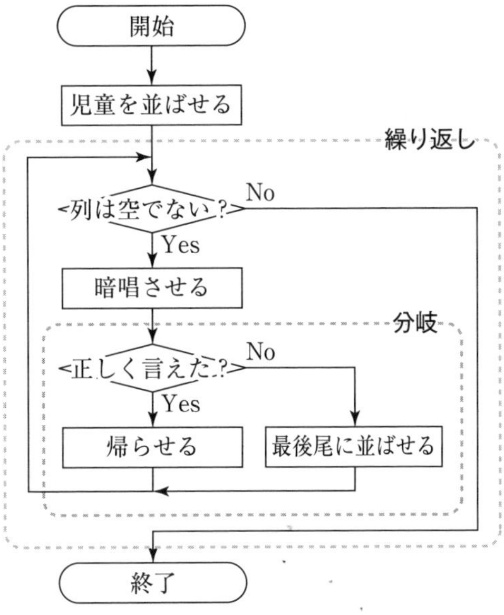

図2-14

このときの「先生の一連の作業」を，流れ図で表してみます。これは，クラスの児童全員について行う「繰り返し」です。もう少し，流れ図を書きやすいように言い換えれば，「列に児童が並んでいる間」繰り返しです。そして，先生は，正しく暗唱できたか「判断」します。正しく言えたらその子を帰し，言えなかったら列の最後尾に並ばせます。流れ図で書くとすると，繰り返しと判断が複合している形式になります。実際，この流れ図は，**図2-14**のように書くことができるでしょう。

課題 13 箱の中に0個以上のボールが入っている。それらのボールは赤玉か白玉である。箱から1個ずつボールを取り出して，すべてのボールを「赤玉用の箱」「白玉用の箱」により分ける手順を，流れ図で書きなさい。

課題 14 恋愛モノの物語でありがちなシーンに，1輪の花を取って，花弁を1枚ずつむしり取りながら「好き，嫌い，好き，嫌い，……」という占いがある。花を取ってから，花弁をすべてむしり取って，「好き」または「嫌い」が確定するまでを，流れ図で表しなさい。ただし，花弁のない花は摘み取らないものとする。

2.7 プログラムの流れ図(1)

- プログラムの実行は，コンピュータの中の「記憶」という状態を書き換えながら進んでいく
- 手続き型高級言語で，記憶の場所にわかりやすく名前を付けたものが「変数」

では，ここからコンピュータ・プログラムを中心に移して，流れ図のお話を続けていくことにしましょう。

2.7.1 プログラムはどのように実行されるか

CPU は，命令を記憶装置から読み出しては実行します。一方で，命令が実行されていくと，記憶装置からデータが読み込まれ，また，記憶装置にデータが書き出されていきます。プログラムの進行とともに，記憶装置の内容（もう少し抽象的に言えば，プログラムの状態）が変化していくのです。

さて，私たちが何らかの判断をすることを考えます。このとき，勘や偶然によらないものとすると，その判断材料は私たちを取り巻く状態・状況です。「傘をさすか」ということに関して合理的な判断をするとき，私たちは「雨・雪が降っているか」という状況を見ています。

また，繰り返しを考えます。たとえば「10 回繰り返す」とき，私たちは必ず，現在何回めかを数えています。この「現在何回め」という状態が変化しているのです。

同様に，コンピュータ・プログラムが，処理をして，分岐・繰り返しをするときには，そのときの状態を調べているのです。その状態は，主に，記憶装置の中身（記憶されている内容）です。

コンピュータ・プログラムは，記憶装置の中身を刻々と変化させ，それによって分岐・繰り返しを行い，最終的にその結果を記憶装置の中に作り出し，出力などをしているのです。

2.7.2 記憶装置・状態・変数

高級言語では，記憶装置の適当な区画に，わかりやすい名前を付けて使うことができます。これを**変数（variable）**と呼びます。私たちには，変数は，数値・状態・データ・計算結果などを格納しておく「入れもの」に見えます。

たとえば，私たちが，「数値を入れる A という変数が欲しい」とプログラムに書いたと

します。すると，それが実行されるときには，記憶装置のどこかに（これは一般に，具体的にどこか知る必要はありません），「A という名前で操作される場所」が確保されて，そこの記憶内容は，数値として解釈する，ということにしてくれるのです（**図 2-15**）。

ですから私たちは通常，変数を，データなどの入れものとして扱ってよいのです。それが記憶装置のどこにあって，どう解釈するということを，ほとんど気にしなくてかまいません。それが，手続き型高級言語の特徴でもあるのです。

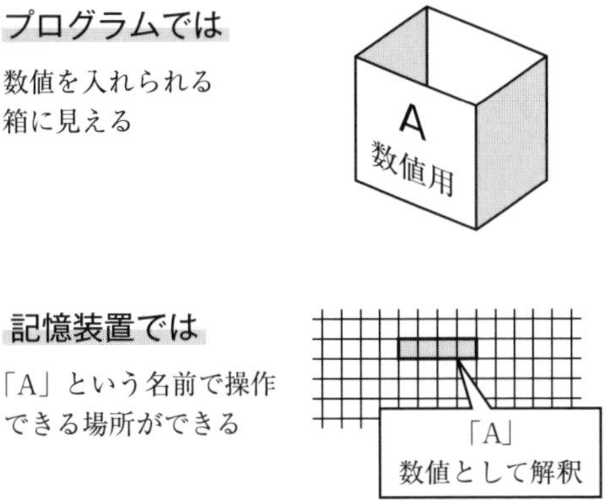

図 2-15

2.7.3 「おうむ返しするプログラム」の流れ図

では，流れ図のお話に戻しましょう。まずは，「入力した数をそのまま出力させる」プログラムの流れ図です。

文で書けば「入力した数をそのまま出力させる」，それでよいのですが，コンピュータにとって,「そのまま出力させる」というのはどういうことなのか，という問題がでてきます。

これはつまり，「入力された数を一度覚えておいて，それを出力させている」のです。ですから，そのための変数が必要になります。名前は（わかりやすいように）勝手に付けてかまいません。ここでは，A としましょう。

すると，その流れ図は，**図 2-16** のようになるでしょう [*1]。コンピュータ・プログラムを指向した流れ図は，状態（変数）の変化とそれに応じた処理が書かれていくことになるのです。

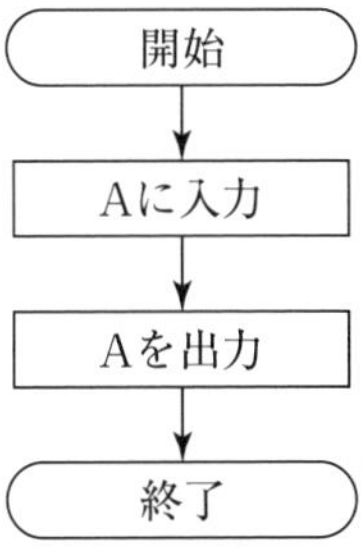

図 2-16

*1 「入力」「出力」には，それ専用の記号を使うこともできますが，ここでは「処理」の記号で表していくことにします。

2.8 プログラムの流れ図(2)

■判断においては，変数の値の比較が条件になることが多い
■変化していく状態に対して，判断における条件の成立・不成立が変化することで，繰り返しが継続・停止する

続いて，判断・分岐，繰り返しを，プログラムの状態：変数が変化していくという観点から，流れ図の上で考え直してみます。

2.8.1 判断：大きいほうの数を出力

次に考えるのは，「2つの数値を読み込んで，大きいほうを出力するプログラムの流れ図」です。

まず，2つの数値を読み込んで，どこかに覚えなくてはなりません。ここで変数を使います。ここでは，AとBとしましょう。そして，「大きいほうを出力する」ということは，「AとBを比較して，Aが大きければAを出力，さもなければBを出力」ということになります。ここで，AとBが等しいときは，どちらを出力しても同じ値（同じ結果）であることに注意しましょう。

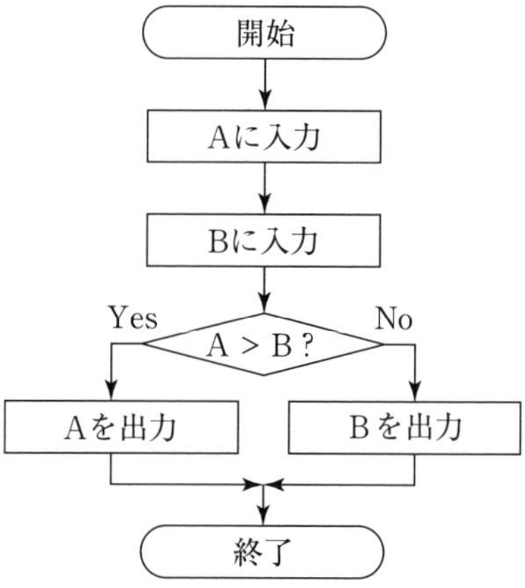

図 2-17

ここで，「AとBを比較する」という判断が入っています。さらに言えば，「AのほうがBより大きいか調べて」います。これが，判断記号に入るものであり，この成立・不成立により分岐します。結果，このプログラムの流れ図は，**図 2-17** のようになります。

「**1.5** 手続き型言語あれこれ」（12ページ）で掲げた4つのプログラムは，言語こそ違っていますが，すべて**図 2-17** と同じ処理手順で書かれています。

2.8.2　繰り返し：0を入力するまでおうむ返し

次は，繰り返しを見てみます。「入力した数をおうむ返し」の流れ図は「**2.7** プログラムの流れ図（1）」の**図 2-16**（41 ページ）で見たとおりですが，それを「0 が入力されるまで繰り返す」ものとして書き直してみましょう。0 が入力されたら，その 0 を出力して終了するものとします。

入力された値を記憶するのに，先ほどと同様，変数 A を使いましょう。少なくとも 1 回入力しないと，繰り返すかどうか判断できないのですから，これは後判定型が適しています。そして，繰り返す条件は，「A が 0 でない間」です（「A が 0 になるまで」でもかまいませんが，C 言語のスタイルに合わせています）。

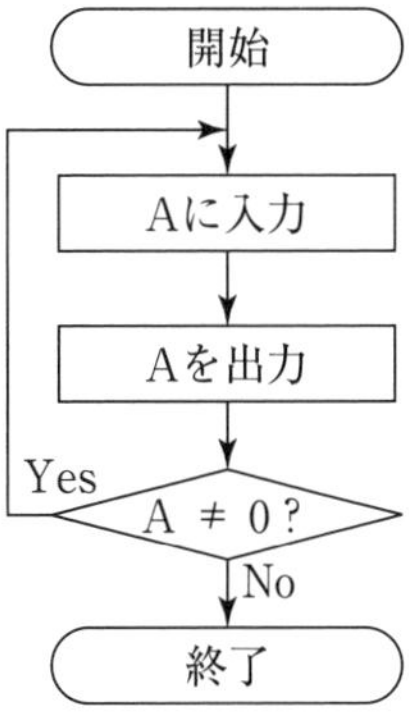

図 2-18

この流れ図は，**図 2-18** のようになります。

課題 15　**2.8.1** の流れ図を，A と B に同じ値が入力されたときは「同じです」と出力されるように，2 分岐形式の分岐のみを用いて書き換えなさい。

課題 16　数値を 1 個入力し，その 2 乗が 10 を超えていたら「○」，そうでなかったら「×」を出力するプログラムの流れ図を書きなさい。

課題 17　「0 が入力されるまでおうむ返し」の流れ図（**図 2-18**）を，「0 が入力された場合はその 0 を表示させずに終了」するように書き換えなさい。これを特に前判定型の繰り返しで表すとどうなるか。

2.9 プログラムの流れ図(3)

- 変数に処理の経過や状態を蓄えて，それらによって判断・分岐して処理を進めていくこともできる
- 変数は，確保された直後が「不定」ならば，必要に応じて使用前に初期化しておく
- 繰り返し回数を数えるならば，「回数を数える変数」が必要になる

次に考えるのは，処理の中でコンピュータが自分の状態を変化させていく場合の流れ図です。

2.9.1 「今，何回言った？」

長い文章を聞かされたあと，「……では，『○○』と何回言ったでしょう？」と問う，意地悪なクイズがあります。これは，後から訊《き》かれるから答えられないのであって，前もって「○○」を何回言ったか答えよ，という指示が出ていたら，文章の内容は無視して「○○」の数を数えるでしょう。

さて，ここで考えるのは，どんどん数値を入力していって，0が入力されたら（その0を含めて）それまで入力された数値の個数を出力するプログラムの流れ図です。

この解決策は，先ほどの意地悪なクイズの場合と同様の発想にあります。入力された数値は捨ててしまい，その個数だけ数えればよいのです。入力された数値はたとえば変数Aに一度収めますが，次回の入力が来たら上書きして（前の入力は忘れて）しまえばよいのです。

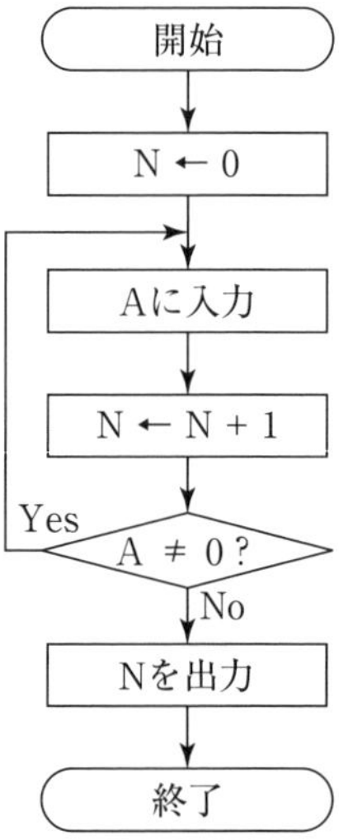

図 2-19

一方，入力した数値の個数を数えなければなりません。そのために，また別の変数が必要です。数値が入力されるたび，この変数の値を1ずつ増やしていきます。ところが，最初の最初はどうかという問題があります。変数の実体は，コンピュータの記憶装置の中に作られます。記憶の中身は，「**1.7 コンピュータはこう動く**」（16ページ）で説明したように，手付かずの状態では「不定」なのでした。「不定」は「よくわからない」状態なので，この「よくわからないもの」に1を足しても，依然として「よくわからない」ままです。ですから，この場合，中身を0にして（0を**代入**して），初期化する必要があるのです[*1]。

*1 プログラミング言語の種類や，または同じプログラミング言語でも状況によっては，変数を確保した瞬間に自動的に初期化してくれるものもあります。

このプログラムでは，入力した数値の個数をNという変数に保持しておくものとして，数値の入力のたびに「Nに1を加えたもの」をNに再代入することになります。そして，そのあと，入力が0だったかどうかを判断して，繰り返します。

結果，流れ図は**図2-19**のようになるでしょう。ここでひとまず，「代入」は「←」で表しています。

2.9.2 むなしい10回クイズ

「『みりん』と10回言ってみて」「みりん，みりん，みりん，……」「鼻が長い動物は？」「キリン！」……似たような言葉を10回言わせて間違いへ誘導する10回クイズです。とりわけ悔しいのは，10回言わされたあと「ごくろうさん」と言われる類のものです。

では，コンピュータに「みりん」と10回出力させて，出力し終わったら自分で「ごくろうさん」と出力して終了する，むなしいプログラムを考えます。

コンピュータに10回数えさせるには，変数に今何回目かを覚えていきます。たとえばNに覚えるとして，1回の出力ごとに1ずつ増やし，「Nが10未満の間」繰り返します（「Nが10になるまで」→「Nが10未満の間」）。1回ごとに1増やすのですから，Nは0で初期化します。

この流れ図は，**図2-20**のようになるでしょう。

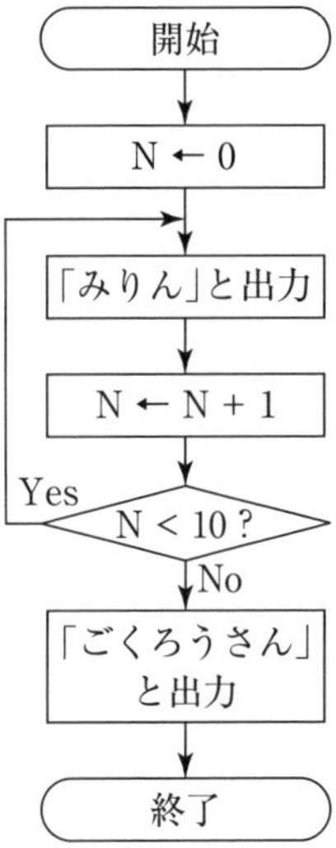

図2-20

課題18 **2.9.2**の流れ図（**図2-20**）を，前判定型の繰り返しに書き直しなさい。

課題19 **2.9.2**の流れ図（**図2-20**）では，Nはカウントアップしていったが，Nをカウントダウンしても表すことができる。カウントダウンする形式に，流れ図を書き直しなさい。このとき，繰り返し回数が10回になるか，注意して初期化値と繰り返しの継続条件を定めなさい。

課題20 **2.9.2**の流れ図（**図2-20**）を，利用者が指定した回数（整数）だけ「みりん」と出力するように書き換えなさい。ただし，入力した回数が0または負の場合，1回も「みりん」と表示させないものする。入力した回数は変数に保管しておかなければならない。また，前判定型・後判定型で結果が大きく異なるので注意しなさい。

2.10 簡単なアルゴリズム：4数の最大値

- 人間には簡単に見える処理でも，コンピュータができる単純な処理に分解していくこと(コンピュータの「気持ち」になること)が重要
- 1つの問題に対するアルゴリズムが，複数存在することも多い

ここから，もう少しコンピュータ・プログラムらしい処理を見てきます。その中には，コンピュータで処理をさせるという見地に立った工夫がされています。

ここで考える処理は，4つの数値を入力して，その最大値を求めるものです。まず，この処理は「コンピュータには一発ではできない」ものだということを確認してください。

この解決方法は，2つ考えられます。

- 勝ち抜き方式
- トーナメント方式

2.10.1 勝ち抜き方式で最大値を求める

これは，冬季オリンピックのスキージャンプ競技と同様です。最初に飛んだ人は「暫定1位」です。そして，次々に選手が飛んでいき，暫定1位の選手の記録を超えればその人が暫定1位になります。最後の選手が飛んで，その時点での暫定1位の選手が優勝となります。

4数A，B，C，Dを入力してから最大値を求めることにしましょう。暫定最大値をMとします。最初は，MにAを代入します。このとき,「記憶の読み書きはコピー」ですから，Aの中身は消えません。

次に，MとBを比較，Bのほうが大きかったらMをBに書き換えます。以下同様にC，Dについて実行すれば，MにはA~Dの最大値が残ります。これを出力すればOKです。

これを流れ図で表せば，**図2-21**のようになります。A~Dに具体的に数値を入れて，処理の流れを追跡してみましょう。

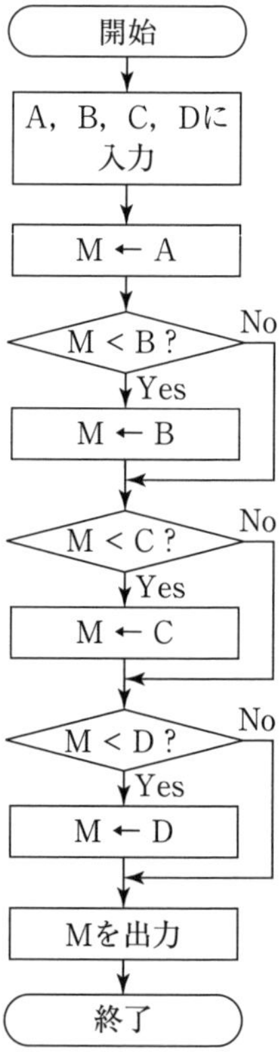

図 2-21

2.10.2 トーナメント方式で最大値を求める

次は，トーナメント方式で求めてみましょう。同様に，前もって4つの数値 A，B，C，D を入力しておくものとします。

まず，A と B を比較します。この大きいほうを M としましょう。次に C と D を比較して大きいほうを N とします。最後に M と N を比較して大きいほうが A〜D の最大値です。

これを流れ図として表すと，**図 2-22** のようになります。

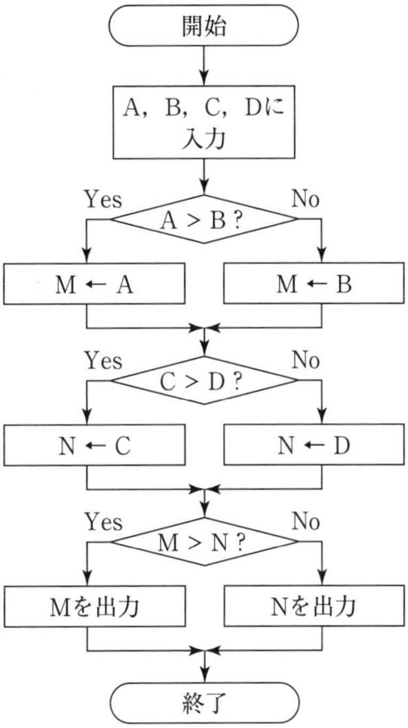

図 2-22

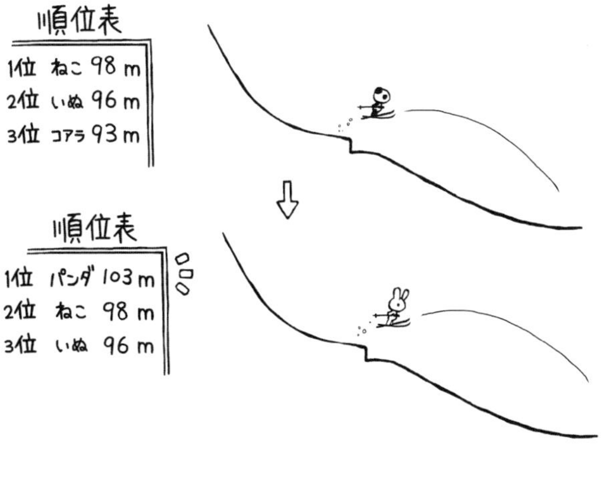

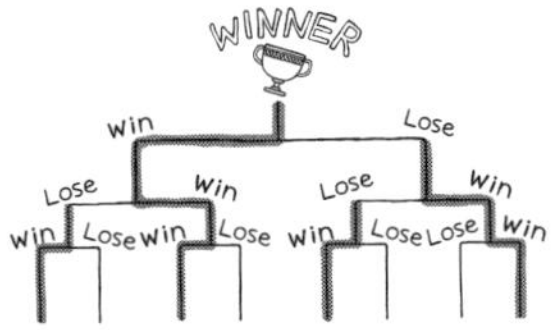

2.10.3　2つの方法を比較すると

以上の2つの方法を見てみると，いずれでも確かに4数のうちの最大値が求められることがわかります。これらはいずれも，4数のうちの最大値を求めるアルゴリズムです。

ここで注目してほしいのは，手順は違っていても，いずれも「3回の比較」を行っていることです。この点から見ると，この2つのアルゴリズムには「大差はない」ということができるでしょう。

課題21 **2.10.1** および **2.10.2** の両方の流れ図（**図2-21** および **図2-22**）について，Aに31，Bに41，Cに59，Dに26を入力したときの動作を追跡し，最大値である59が出力されることを確認しなさい。

課題22 **2.10.1** の流れ図（**図2-21**）において，A～Dのいずれも再利用しなければ（処理後に内容が破壊されていてかまわないならば)，Mは不要で，「暫定最大値」はAに保管すればよい。流れ図をMを使わない形式に書き換えなさい。

課題23 **2.10.2** の流れ図（**図2-22**）において，A～Dのいずれも再利用しなければ，MとNは不要である。流れ図を，MとNを使わない形式に書き換えなさい。

課題24 「0が入力されるまで次々と正の数を入力していき，その中の最大値を出力する」処理の流れ図を書きなさい。初回に「0」を入力したら，最大値を「0」として出力しなさい。特に「0」を入力したときに処理がどのような経路を通るのかに注意しなさい。

2.11 簡単なアルゴリズム：偶数の和

■繰り返しが含まれる処理は，「最初」と「最後」がどうなるかを特に注意する

偶数の和，n 番目までの偶数の和は，$n(n+1)$ で求められます。ですがここでは，コンピュータに，ある数までの偶数の和を，1つずつ足し算しながらせっせと求めてもらう処理を考えます。

求めるに先立って，負でない整数Mを入力します。M以下の偶数について和を求めることにしましょう。

2.11.1 偶数だったら足す

変数として，Mのほかに何が必要か考えます。

- 今，いくつを足そうとしているのか
- 合計はいくらか

これらをそれぞれ，N，Sとしましょう。

合計Sは，最初に0にしておかなければなりません。それで，NをM以下の間，1ずつ増やしながら繰り返し，Nが偶数だったらNをSに加えます（Nが偶数かの判断は，「Nは偶数？」でできるものとしましょう）。そして，繰り返しが終了したら，Sを出力して終了です。

ここで，1つ書かなかった手順があります。「Nの初期値はいくつにするか」です。流れ図は，グレーで表した「Nを初期化」以外は**図 2-23** で完成です。これは結論として，「Nは0，1，2のいずれで初期化してもよい」となります。

おかしな事態が起こりそうなのは，Mが0，1，2のときです。Nが0，1，2それぞれについて，Mを0，1，2として流れを追跡していくと，いずれも正しい答えになることがわかります（**課題 25** で確認しましょう）。

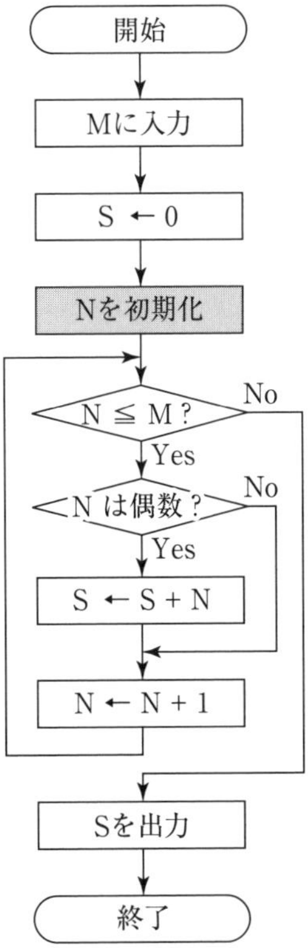

図 2-23

2.11.2 偶数だけ足す

図 2-23 の流れ図で，偶数かどうか判定して，偶数でない場合（奇数の場合）何もせずにＮに１を加えています。だったら，始めからＮを２ずつ増やして繰り返せば，判断せずに済むのではないかという考えに至ることになります。

このとき，Ｎは０または２で初期化します。１では初期化できません。なぜなら，１から始めて２ずつ増えていったら，次は 3, 5, 7, ……，と奇数を加えていくことになるからです。

そこで注意しなければならないのは，繰り返しの最後です。入力されたＭが偶数なら問題ありませんが，奇数だったらどうか，Ｍ以下の最大の偶数で停止するのかという問題があります。実際，Ｍが奇数のときは，それより１小さい偶数が加えられた後，Ｎが２増え，Ｍを超えるので，そこで繰り返しが停止します。繰り返しの継続条件は，「ＮがＭ以下」のままでよいのです。

この手順では，判断の回数が，前に比べて少なくなっています。流れ図は，**図 2-24** のようになります。

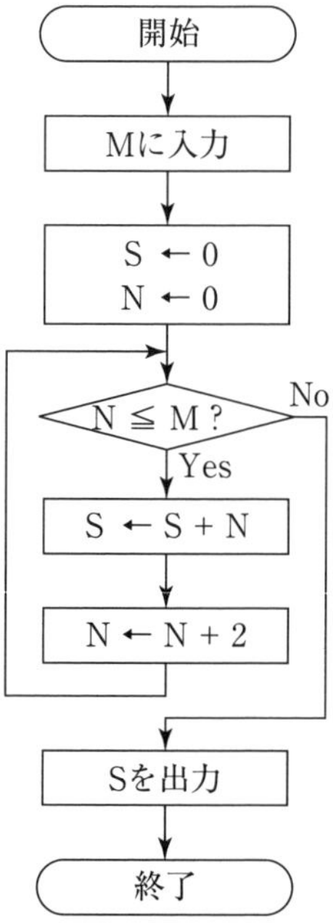

図 2-24

2.11.3 しかし，和の公式

ところが冒頭で述べたように，n 番目までの偶数の和は，$n(n+1)$ なのです。ですから，入力されたＭに対して，Ｍを２で割って小数点以下を切り捨てたものをＮとすれば，「Ｓ ← Ｎ × （Ｎ ＋ １)」でおしまいです。この公式を使うことは，偶数の和を求めることに関して，圧倒的に強力なアルゴリズムなのです。

課題 25 **2.11.1** の流れ図（**図 2-23**）において，Ｎを０，１，２で初期化したときそれぞれについて，Ｍとして０，１，２を入力したとき（全９通り）の動作を確認し，正しいことを確認しなさい。

課題 26　「入力された負でない整数 M 以下の奇数の和を求める」手順を，**2.11.1**, **2.11.2** の流れ図（**図 2-23** および**図 2-24**）を参考にそれぞれ 2 通り以上書いてみなさい。

課題 27　**2.11.1** の方針で求めるとき，M からカウントダウンしていけば，N は不要になる。この場合の流れ図を書きなさい。

Column

和の公式

本節で扱った「和の公式」について説明しておきましょう。

1 から n までを加える和

$$S=1+2+\cdots\cdots+(n-1)+n$$

を考えます 。この加える順序を逆にした，

$$S=n+(n-1)+\cdots\cdots+2+1$$

を考えて，両辺を足しあわせます。

$$2S=(n+1)+(n+1)+\cdots\cdots$$

となります。n と 1 で $n+1$，$n-1$ と 2 で $n+1$，……，のように $n+1$ が n 個現れますから，右辺は $n(n+1)$ になります。両辺を 2 で割れば，

$$S=\frac{n(n+1)}{2}$$

です。これが，1 から n までを加えたときの和の公式です。

さて，本文中の「n 番めの偶数まで加えたとき」です。n 番めの偶数は $2n$ と表せます。ですから和は，

$$S'=2\times1+2\times2+\cdots\cdots+2n=2(1+2+\cdots\cdots+n)$$

と表せます。$1+2+\cdots\cdots+n$ は，$\dfrac{n(n+1)}{2}$ とわかっていますから，

$$S'=2\times\frac{n(n+1)}{2}=n(n+1)$$

で，本文中の $n(n+1)$ が求められました。

2.12 簡単なアルゴリズム：階級分け

■ **分岐と繰り返しを使って，複雑なアルゴリズムを記述できる；このとき，変数の移り変わりに注意**

分岐と繰り返し，そして変数をふんだんに使う，「階級分け」の処理を見てみます。状況としては，「間抜けな幹事がイベントTシャツを注文」としてみましょう。

2.12.1 問題の設定と大ざっぱな流れ

イベントなどでTシャツを作ると，どのサイズを何枚注文するか調査されます。フリーサイズが手っ取り早いというと身も蓋もありませんので，ここではS・M・Lの3サイズということにしましょう。それで，1人1着購入ということで注文しますが，希望をとるのを忘れて手元にあるのは身長の表だけという，間抜けでご都合主義的な状況を想定します。これをもとに，どのサイズを何着注文するか集計しましょう，ということです。

サイズと身長の対応は，

- Sサイズ：身長165 cm以下
- Mサイズ：身長165 cm超175 cm以下
- Lサイズ：身長175 cm超

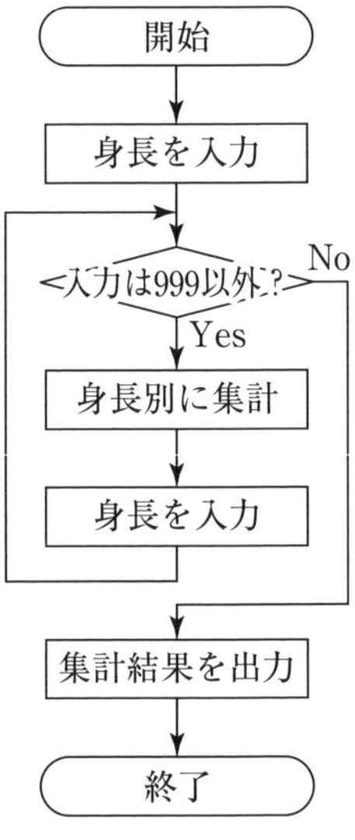

図2-25

とします。これをひたすら入力して，それぞれのサイズが何着必要か，集計するのです。入力の終わりは，「999」として，それまで集計を続けるものとします。ここで注意しなければならないのは，最後の「999」を身長999 cmとしてLサイズの数に含めてはまずい，ということです。

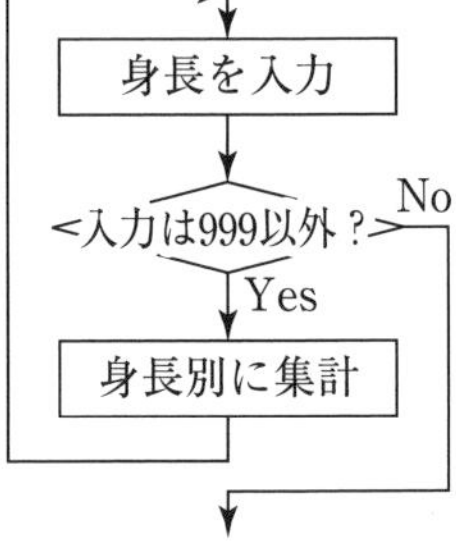

図2-26

ですから，大ざっぱな流れ図を書くと，**図2-25**のようになります。素朴に考えると，**図2-26**のように継続判定が繰り返す処理の途中にある形式になりますが，これは**2.6.1**（38ページ）で述べた手順を使って前判定型に書き換えておきます。

2.12.2　詳細な流れ図を作成

手続き型言語のプログラムとしてすぐに記述できるような流れ図にするために，変数を定義して，細かい部分も記述していきましょう。

身長は，Tという変数に収めることにしましょう。それで，S・M・Lの各サイズの注文数を，S，M，Lとしましょう。そして，Tによって分岐して，S・M・Lのいずれかを1ずつ増やすことにします。最初にS・M・Lは0に初期化しておきます。繰り返しの中では，Tの値によって3分岐し（2分岐を繰り返して記述します[*1]），それに応じてS・M・Lを増やしていきます。Tの値は再利用しないので，次の入力で上書きしてかまいません。

以上から，流れ図は**図 2-27**のようにできあがります。

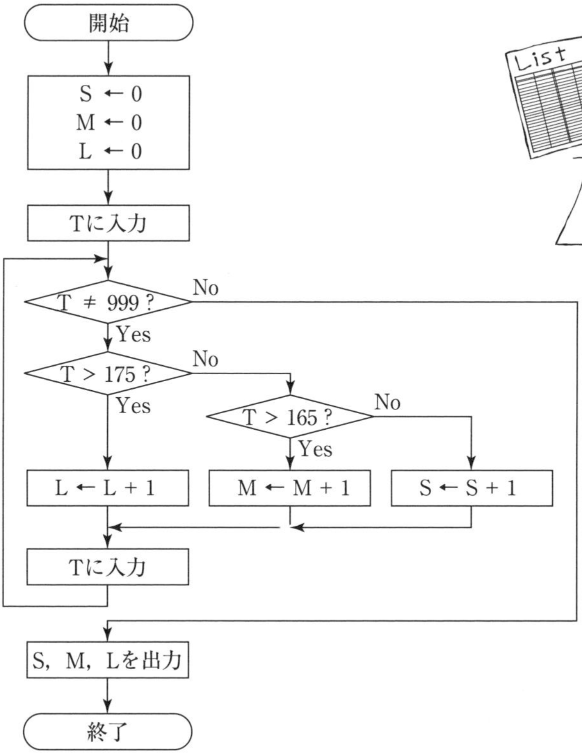

図 2-27

課題 28　上記の流れ図の3分岐で，Tの値が大きいほうから分岐しているが，これを，小さいほうから分岐するように書き直しなさい。

*1　C言語に備えられている多分岐では，「比較して大きいとき」などという複雑な条件では使えません。ですから，実際のプログラムでも流れ図どおりの2分岐の積み重ねになります。

2.13 トップダウンとボトムアップ

- 複雑な問題を解決するのに，全体から細部へ向かうトップダウン式と，細部を組み合わせて全体を作るボトムアップ式が考えられる
- トップダウン式とボトムアップ式を組み合わせて使うことで，混乱せずに問題を解決していける

複雑な問題の解決方法を考えるとき，一気に解決しようとすると，混乱してしまいます。問題を細かく分解していくと，うまくいきます。また，「組み合わせるべき部品」から用意していくこともできます。

2.13.1 流れ図が詳しくなっていく：全体から細部へ

「**2.12** 簡単なアルゴリズム：階級分け」(52 ページ) で，最終的にできあがった流れ図は，1 ページの半分を占めています。これを一気に書くのは，慣れないと難しいことでしょう。

本文中でも，この流れ図を一気に書いたわけではありません，その前に，「大ざっぱな流れ図」を書いていました。まず，そこでは，「身長別に集計」する部分が 1 個の処理として扱われています。そして，変数などを定義して，「1 個の処理」になっていたものを詳細に記述したものが，最終的な流れ図です。

つまり，問題の全体から細部に向かって，流れ図を書いていった（手順を設計していった）ということです。こういった手法を，**トップダウン（top-down）**式といいます。問題を，（プログラミングの場面であれば）すぐにコードが思い浮かぶところまでどんどん分割していくのです。

2.13.2　部品を作って組み立てる：細部から全体へ

逆に，細部から全体を組み立てていく方法もあります。これは，**ボトムアップ（bottom-up）式**と呼ばれます。プログラムがどういう機能を備えていればよいかというのをまず作ってみて，それを組み合わせて全体を形作っていくのです。

C言語は，トップダウン式の作り方が向いている言語と言われています。逆に，ボトムアップ式が作りやすい言語もあります。しかし実際には，トップダウン・ボトムアップ両方の考え方を用いて，問題解決手順を考えることになるでしょう。全体を見る目と，部分を見る目，両方が必要なのです。

また，トップダウン・ボトムアップは，プログラミング以外の，何らかの課題を解決する枠組みとして語られる場合もあります。

課題 29　「長い文章を書く」場面において，「トップダウン式の書き方」と「ボトムアップ式の書き方」がどうなるか，考えてみなさい。

課題 30　正の整数Xと，負でない整数Yを入力し，「XのY乗」を出力するプログラムの流れ図を書きなさい。「0でない数の0乗」は1になることに注意しなさい。

課題 31　**課題 30**において，「Xの2乗」をあらかじめ計算しておくことで，少しだけ「XのY乗」を効率的に計算するアルゴリズムがある。すなわち，「Xの2乗」が計算してあれば，これを1回かけることで，2回分のかけ算になるのである。Yが奇数のときは別途Xを1回かけることにして，このようにして「XのY乗」を計算するプログラムを，流れ図で書きなさい。

課題 32　**課題 30**・**課題 31**それぞれの流れ図で，Yを0，1，2，3，……，10としたときの，かけ算の回数と判断の回数を調べてまとめなさい。

課題 33 負の値が入力されるまで整数を読み込んで，入力完了後に，それまで入力されたデータの数，合計，平均を出力させるプログラムの流れ図を書きなさい。ただし，最後に入力した負の値は，データに含めない。なお，0で割り算をしないように注意しなさい。

課題 34 **課題 33** において，入力できる整数を 0～100 に限定するよう，流れ図を書き換えなさい。100 を超える整数が入力された場合は，それはデータとみなさず，特にエラーメッセージも出さず，直ちに次の値の入力に戻すものとする。

課題 35 正の数が格納された変数 A_i（i = 1，2，……，N）がある。これを，小さい順に並べて B_i（i = 1，2，……，N）に移し変えたい。方法として，まず，A_i の中からいちばん小さいもの（A_k とする）を探し出し，B_1 に移す，そしてAk を 0 にする（0 は「移動済み」を表すと約束する）。次いで，A_i の中で 0 以外の最小値を探し出し，B_2 に移し，移動元を 0 にする。これを N 回繰り返せば，A_i の内容は，小さい順に並べられて B_i に移動する。この手順を，流れ図で書きなさい。複雑な流れ図になるので，トップダウン式で大ざっぱな手順から詳細化していくとよい。

本章のチェックポイント

- □ 流れ図の書き方の基本的な決まりを理解していますか？
- □ 「判断」の記号を用いて，「2分岐させ，合流させる」流れ図の形式を覚えていますか？
- □ 「判断」の記号で2分岐して，それを積み重ねて多分岐をする流れ図の形式を覚えていますか？
- □ 「前判定型繰り返し」「後判定型繰り返し」を流れ図で表現できますか？
- □ 「前判定型繰り返し」と「後判定型繰り返し」の違いを言えますか？ また，理論的には不要であるのはどちらの形式の繰り返しですか？
- □ 後判定型繰り返しを前判定型繰り返しに書き換えることができますか？ また，繰り返しの継続判定が，繰り返される処理の途中にある繰り返しを，前判定型繰り返しに書き換えることができますか？
- □ 高級言語における「変数」の考え方を説明できますか？
- □ 10個の数の合計を求め，最後に平均を求めるプログラムの流れ図を書けますか？
- □ 4つの数の最大値または最小値を求めるプログラムの流れ図を書けますか？
- □ 「トップダウン式」「ボトムアップ式」とはどんな考え方か，説明できますか？

3

C言語
プログラム入門

3.1 はじめてのC言語プログラム

- C言語のプログラムは，「関数」という単位から成り立っている
- プログラムの開始は，`main()`という特別な関数で，これはプログラムに1個だけ
- 関数の中身（処理の内容）は中かっこでくくる

さてここから，実際にC言語でプログラムを書いていくことにしましょう。

3.1.1 何もさせないプログラム

最初のプログラムは，「何もさせない」プログラムです。つまり，「実行させると終わるだけ」です。流れ図で書くと，ばかばかしいかもしれませんが，**図3-1**のようになります。

プログラム1　何もさせないプログラム

```
main() {
}
```

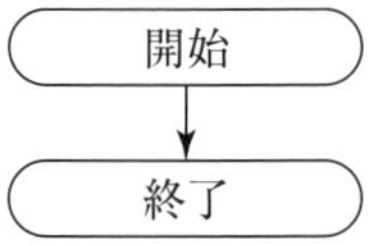

図3-1

この2行をテキスト･エディタで書き，保存します[*1]。拡張《かくちょう》子《し》[*2]は，「.c」としましょう。コンパイルし，実行します。実行が成功すれば，見事に何も起こらず，終了します。

これに何の意味があるかというと，正常に終了するという点です。これがC言語の最小の，しかも完全な形のプログラムであり，しっかり終わることができるものです。

3.1.2 もしコンパイルできなかったら

もしコンパイルできなかったら，次の点を確認してください。

- C言語のプログラムでは，特別な場合以外，**半角文字**を使います。ですから，上記

---

*1　行の先頭に書かれている行番号は，入力する必要はありません（C言語では，行番号の入力は不要です）。

*2　主にWindowsで，ファイルの種類を表す，ファイル名の一部。ピリオドに続いて3文字程度のものがよく使われます。

のプログラムは，すべて半角文字で書かなくてはなりません。特に，全角空白が紛れ込むと，見つけるのが難しくなります。

- C言語のプログラムでは，**大文字と小文字を区別します**。小文字で書くべきところを大文字で書いたり，またはその逆だったりすると，コンパイルできなかったり，または重大なバグを引き起こしたりします。
- ソース・コードは，テキストファイルとして保存します。ワードプロセッサなど専用の，テキスト形式以外のファイルとして保存すると，コンパイルできません。

3.1.3 「最小のプログラム」のなかみ

C言語のプログラムは，**関数（function）**という単位から成り立っています（関数についての詳細は**第8章**で改めて説明します）。結局のところ，C言語のプログラムは，関数の寄せ集めです。ですから当然，先ほどの「最小のプログラム」も関数から成り立っています。

■ main()関数

中でも，C言語のプログラムは，**`main()`**という特別な関数から実行が開始されます。C言語のプログラムには，`main()`関数が1個だけ存在します。特別なものでない限り，コンパイルされたプログラムは，`main()`関数から実行され，`main()`関数の実行が終了するとおしまいです。

■ main()関数の書き方

`main()`関数は，まず関数の名前が書かれ，次いで中身のないかっこ「**()**」が書かれます。このかっこの中には，一般には**引数**《ひきすう》と呼ばれるもののリストが入りますが，この詳細は**第8章**で述べます。`main()`関数のより適切な書き方はあとで学ぶとして，まずプログラムを動かしてみるならば当面はこの書き方でかまいません。

そのあと，関数の処理内容を中かっこ「**{ }**」でくくって書き込みます。このプログラムでは，この中かっこの中身が空っぽだから，何もせずに終わるのです。

当面は，処理させたい内容を，中かっこの中に書き加えていくことになります。

3.2 文字を出力させるプログラム

- C言語は，もとからは入出力機能を備えていない；`#include <stdio.h>`を書いて，入出力機能に関する情報を読み込む
- 標準出力(主に画面)に出力させるのに，`printf()`関数を使える
- C言語では，原則として文(命令)はセミコロン「;」で終わらせる

続いて，コンピュータに「何か」をさせてみましょう。あまりにも有名なプログラムである，「hello, world」と出力させるプログラムを見てみます。

3.2.1 「hello, world」プログラム

（通常）画面に「hello, world」と表示させるプログラムは（流れ図は**図 3-2**），`main()`関数にそのための命令が入るわけですが，それ以外にも記述が増えています。

プログラム2　「hello, world」プログラム

```
#include <stdio.h>

main() {
  printf("hello, world¥n");
}
```

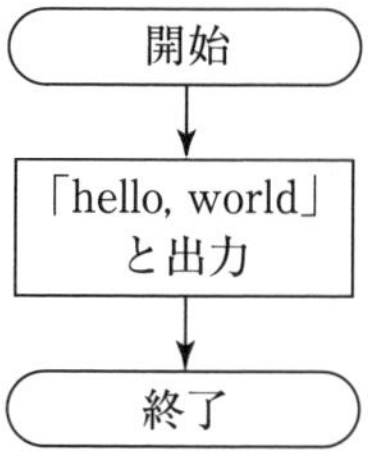

図 3-2

これを入力して[1]実行させれば，画面に「hello, world」と出力されて終了するはずです。

3.2.2 C言語は単体では入出力ができない

恐るべきことに，C 言語はそれ単体では画面に文字を出力することさえできないのです。多くのプログラミング言語では入出力機能は組み込まれているのに，これはあるいは異様です。

そこでどうするかというと，**ライブラリ（library）**という「拡張機能セット」のよう

---

*1　環境によっては，円記号「¥」はバックスラッシュ「\」という別の記号で表示されます。

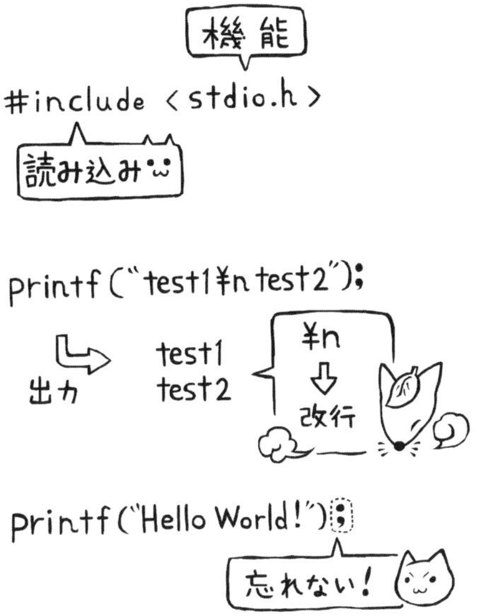

なものを呼び出すのです。基本的な入出力機能は，コンパイラといっしょに提供されていて（**標準ライブラリ**），たいていはこれを使えば事足ります。

ここで，この「入出力機能」を使うために，1行に

```
#include <stdio.h>
```

と書いて，この「入出力機能」を使うための情報を読み込ませています。そうすると，そのソース・ファイル中では，「入出力機能」がもとから組み込まれているかのように使えます。入出力機能はたいていは欠かせないので，「#include <stdio.h>」は，お決まりのようにC言語プログラムの冒頭に登場します。

この，「#include」の部分は，取り込む機能（使用するライブラリ）によって変わってきます。また，大規模なプログラムを作るときに，それに応じてさまざまなことを書く必要が生じたりしますが，これはそのときになったら覚えましょう。

3.2.3 printf()関数

main()関数の中に書かれているのが，出力を実際に行っている部分です。この**printf()関数**は，先述の「入出力機能」に用意されている関数（Cプログラムは，「関数」から成り立っているのでした）で，機能の1つは，**「かっこ内の，二重引用符『"』でくくられた文字列を出力する」**ことです。ここでは，かっこ内に，「"hello, world¥n"」と書かれていますから，この「hello, world¥n」が出力するべき文字列になっています。

■「¥n」の謎

それで，「hello, world」が出力されるのはわかりますが，「¥n」というのは何か，ということです。画面に「¥n」などとは出てきていません。これは，「改行」を表しています。

というのは，改行のような特殊な「文字」は，文字どおりには表せないからです。そこで，C言語では，文字列の中で改行を表すときは，「¥n」に置き換えておくと約束します。

ではもし，「¥」そのものを出したい場合はどうするか，というと，「¥¥」が「¥」に置き換わるという約束があります。ですから，「¥n」と文字どおりに出したければ，「¥¥n」と書くのです。

3.2.4 セミコロン

そして，C 言語では，原則として，**1 つの（式の）文の末尾にはセミコロン「;」を付けます**。セミコロンがないと，その前後で猛烈な数のコンパイルエラーが出るでしょう。C 言語を始めたうちは，セミコロンの付け忘れには十分注意しなければなりません。

課題 36 本節の**プログラム 2** を，出力させる文字列を変更して実行させてみなさい。

課題 37 `printf()` 関数を 2 つ以上に増やして実行させてみなさい。このとき，改行の「`¥n`」がないと出力がどのように変わるか，確認しなさい。

Column

テキスト・エディタ案内

編集時の便利な機能や，プログラミングを支援する機能などが付いていると，快適にプログラミングを学習できるでしょう。

「メモ帳」を置き換えて使えるような，シンプルで，それで日常的な作業やプログラムの学習にじゅうぶんと思われるテキスト・エディタを紹介します。次の 3 つは，いずれもフリー・ソフトウェアです。

- TeraPad
- Mery
- EmEditor Free（上位版 EmEditor Professional〈シェアウェア〉もあります）

これらは，プログラミングにおいては，予約語やコメントの色分け表示，行番号の表示などの機能が役立ちます。また，設定で全角スペースなどの「通常見えない文字」を表示するようにしておくと，全角スペースの混入でコンパイルエラーが出るといったミスを未然に防げます。

テキスト・エディタは，オンライン・ソフトウェアを中心に，このほかにも優れたものが多くあります。お気に入りのものを探してみてください。

プログラミング向けの高機能なテキスト・エディタとして，Visual Studio Code，Atom などもあります。慣れてきたら使ってみるのもよいでしょう。また，**付録 A**（238 ページ）で紹介している Visual Studio Community には，開発環境内にテキスト・エディタが組み込まれています。

3.3 変数を使ってみる

- C言語では，変数は，使用する前に宣言しなければならない
- 変数には「型」があって，一般的な整数に使用する型は「int」
- 変数名は，英字または下線で始まり，英数字と下線が使える
- 関数内で定義された変数は，初期化されない；「不定」である
- 変数への代入には「=」を使う；C言語の「=」はむしろ「←」の意味
- **printf()** 関数には，「変数の中身(値)」を出力させる機能もある

手続き型プログラミング言語では，データ・計算経過・計算結果・状態を「変数」というものに蓄えて処理を進めるのでした。C言語での「変数」を使ってみましょう。

3.3.1 3を代入して，出力させてみる

次に示すのは，aという名前で整数を収める変数を用意し，それに3を代入，そしてそれを出力するプログラムです（流れ図は**図3-3**）。

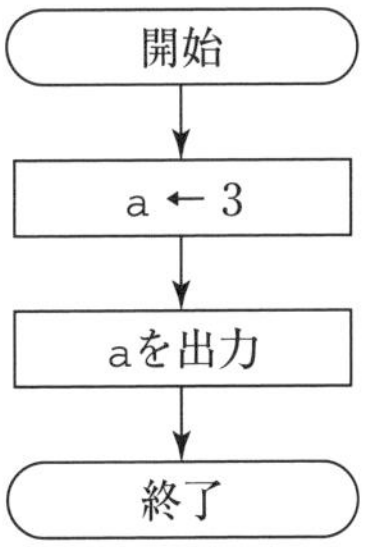

図3-3

プログラム3　3を代入して出力

```
#include <stdio.h>

main() {
  int a;

  a = 3;
  printf("%d¥n", a);
}
```

これを実行させれば，「3」が出力されて終了するはずです。

3.3.2 変数宣言

C 言語では，**変数は使用する前に宣言しなくてはなりません**。そして，その宣言をするのは，たとえば「処理のひとまとまりの冒頭」です。関数内では関数の先頭で変数を宣言します。プログラムでは，4 行の「`int a;`」が「`a` という名前の整数用の変数」を使うことを宣言しています。

変数宣言は，

変数の型 変数名 ;

という形式で行います。同じ型の変数をいちどに複数宣言する場合は，それぞれカンマ「`,`」で区切ります。たとえば，「整数用の変数 `a` と `b`」を宣言するには，

```
int a, b;
```

と書きます。いずれにしても，最後にセミコロン「`;`」が必要なことに注意してください。

3.3.3 変数の型

C 言語では，変数には**型（type）**があります。変数を定義すると，記憶装置にそのための領域が割り当てられますが，それをどのように解釈するか，ということです。もっと平たく言えば，変数にどんなものを入れられるか決めておく，ということです。

先ほどのプログラムでは「`int`」と書きました。これは，一般的な整数用の変数の型です（「整数」にあたる英単語 integer《インテジャー》の略です）。整数ということは，この「`a`」という変数に，小数点以下がある数は入れられない，ということです。

また，変数には入れられる値の範囲が決まっています。たとえば，私たちが数学で「整数 n」といったら，0 でも 1 でも，−5 でも，はたまた紙 1 枚に書ききらないほどの大きな数でもかまわないのですが，コンピュータの記憶は有限ですし，それを有効に使う工夫も必要になってきます。それで，この「`int` 型」の変数にも，扱える値の範囲があります。当面は，−30,000～30,000 程度が扱える，と思えばよいでしょう[*1]。

ほかにも変数型がありますが，これは**第 5 章**で説明しましょう。

---

*1　`int` 型の変数が扱える数の範囲は，コンピュータの種類などによって変わってきます。「−30,000～30,000 程度」というのは，「`int` 型の変数が扱える数」の最低要件で，現在主流のコンピュータでは，もっと広い範囲を扱えます。

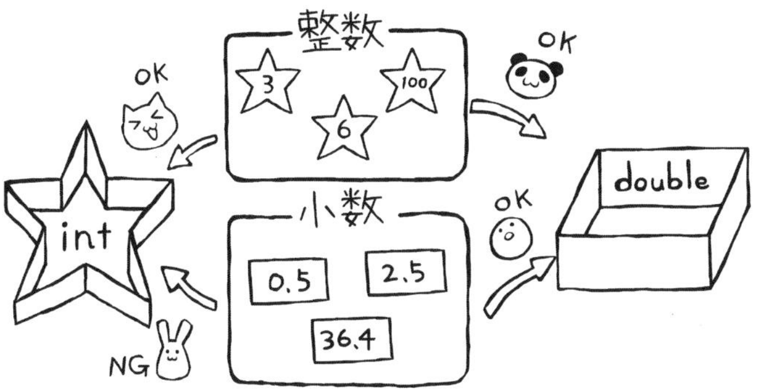

3.3.4　変数の名前

変数には，名前を付けます。**3.3.1** の**プログラム 3** では，「a」と付けました。変数名は，1 文字である必要はなく，あまり長くならない程度に，わかりやすい名前を付けることができます。

ただし，以下のことに注意しなければなりません。

- 変数名は大文字と小文字を区別します。
- 変数名に使用できるのは，英字（大文字・小文字），数字とアンダースコア「_」です。
- 変数名は，数字で始まってはいけません。
- C 言語において，特別な意味を持つ語（**予約語**）は，変数名には使えません。

変数名の大文字・小文字に関しては，C 言語では，小文字を中心に使用するのが習慣になっています。また，「C 言語において特別な意味を持つ語」は，たとえば，「一般的な整数型」を表す「`int`」などがこれにあたります。ですから，「`int`」という名前の変数を作ることはできません。ただし，「`int`」を含む変数は作れます。予約語は，269 ページに一覧を掲げておきます。

変数名として使えるもの，使えないものを，例をあげてまとめておきましょう。

使用できるもの

`a`, `n`, `a1`, `rank`, `number_1`, `totalScore`, `total_score`, `_average`, `paint`（「`int`」を含んでいるが「`int`」そのものでないので可）

使用できないもの

1a（数字から始まっている），a@a（「@」は使用できない），if（「if」はC言語の特別な意味の語）

3.3.5 変数と不定

C言語では，一般的に，関数内で定義された変数は，定義された瞬間は「不定」です。つまり，「何だかよくわからないモノが入っている」状態です。たとえば，**3.3.1 のプログラム 3**で，4行で変数aが生まれた瞬間は，その中身は，int型で表せる値であることは確かなのですが，「よくわからない，ゴミのような値」です。ですから，4行で「3」という値でしっかり初期化しなければなりません。

3.3.6 変数への代入

変数には，値を入れる（代入する）ことができます[*2]。そのために，「=」を使います。「a = 3」は，「aに3を代入すること」です。つまり，**C言語での「=」は，「等しい」という意味ではなく，むしろ左向きの矢印「←」の意味を持っています。**

そして，このような**式（expression）**を1つの「文」とするために，末尾にまたもセミコロン「;」が必要になります。

■作られた瞬間に初期化

C言語では，変数が作られた瞬間に値を代入して初期化することができます。こうすることで，値が「不定」の変数を使ってしまい，思わぬ誤動作が起こることを防ぐことができます。**3.3.1 のプログラム 3**では，4行を，

```
int a = 3;
```

と書き直すことで，変数aを作った瞬間に3で初期化することができます。この場合，6行は削除してもかまいません。

3.3.7 値を出力するprintf()関数

さて，このaの値（中身）を出力するのに，7行でprintf()関数を使っていますが，かっ

---

*2 特別な方法を使って，代入できなくすることもできますが，本書では省略します。

この中身が **3.2.1**（62 ページ）の「『hello, world』プログラム」（**プログラム 2**）と違って，奇怪なものになっています。これが，`printf()` 関数のもう 1 つの，といいますか，こちらが主たる機能なのです。

この機能とは，

> 最初の二重引用符に囲まれた文字列の中から，特定の文字の並びを，二重引用符で囲まれた文字列の後に続いている変数（や式）の値に置き換える

というものです。この「特定の文字の並び」はパーセント記号「`%`」で始まります。「`printf("%d¥n", a);`」の中の「`%d`」が「特定の文字の並び」で，これを出力のさい，変数 `a` の値に置き換えなさい，ということです。それ以外は置き換えは起こりません。

このときの「`%d`」は，さしあたり「普通に整数として出力」という意味だと思ってください。これによって，カンマ「`,`」で区切られて続けて示されている変数 `a` の値を「`%d`」に「はめ込んで」出力させているのです。

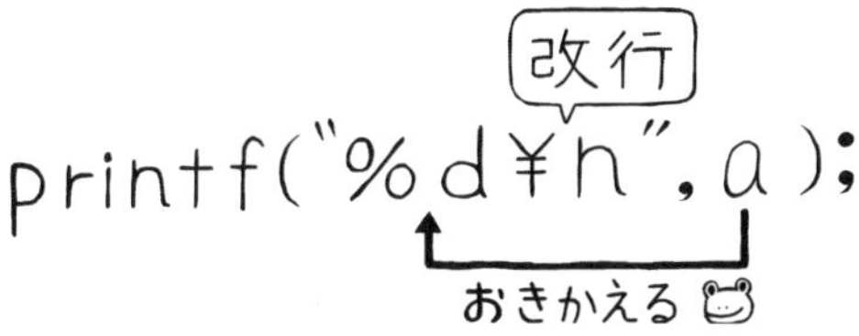

課題 38　次の中で，C 言語の変数名としてふさわしくないものを指摘しなさい。

`x`，`money$`，`player1`，`cardNumber`，`int__`，`500yen`，`myTV`

課題 39　**3.3.1** の**プログラム 3** の 6 行を削除し，「不定」のままの `a` の値を出力させるとどうなるか，確かめなさい [*3]。

課題 40　**3.3.1** の**プログラム 3** において，7 行で `a` の値を出力させた後，`a` に 5 を代入して，それを出力するように，プログラムを書き換えなさい。

---

*3　多くの場合，コンパイル時に警告が出るでしょう。

3.4 式と演算(1)

- C言語での四則演算には,「+」「-」「*」「/」を使う
- 整数どうしの割り算では，小数点以下は捨てられる
- 整数どうしの割り算のあまりを「%」で求められる

次に，変数を使って計算をしてみます。C 言語のような高級言語では，計算を日常的な式の形で書くことができます。

3.4.1 aに3を代入し，さらに1加える

3.3.1（65 ページ）の**プログラム 3** では，変数 a にただ決まった値を代入するだけでしたが，ここではさらに，**図 3-4** のように「代入した 3 に 1 を加え（4 にして）それを出力」させてみます。

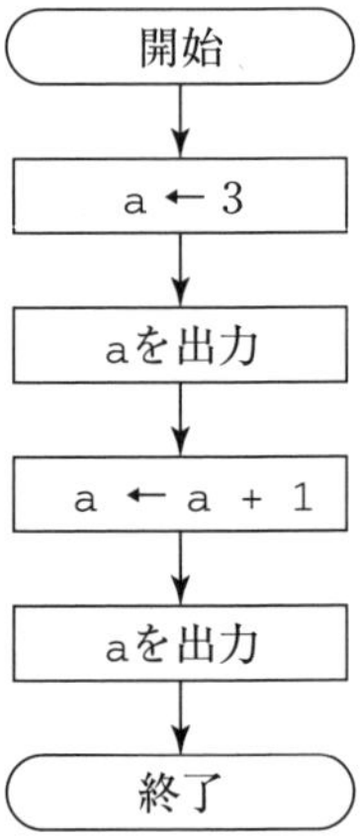

図 3-4

プログラム4　aに3を代入し，さらに1加える

```
#include <stdio.h>

main() {
  int a = 3;

  printf("%d¥n", a);
  a = a + 1;
  printf("%d¥n", a);
}
```

このプログラムを実行させると，3 と 4 が出力されるはずです。

3.4.2　式と代入

C 言語では，変数に「生の値・数値」（**定数，リテラル**）だけでなく，式を計算した値を代入することもできます。もっとも，これができないと，計算ができません。

それで，7 行が，「a に 1 加える」処理です。これを文字どおり「a = a + 1」とみてしまうと，「こんな a は存在しない」ということになるのですが，C 言語での「=」は「←」の意味です。ですからこれは，

　a の値に 1 を加えた値を，a に代入する

という意味になります。

3.4.3　四則演算

「a に 1 を加える」のはまぎれもなく加算ですが，同様に，減算・乗算・除算もあります。これらは，以下の**演算子《えんざんし》**（operator）で表します。

演算	演算子	a が 3，b が 2（a，b ともに int 型）のときの式とその値
加算	+	a + b（5）
減算	-	a - b（1）
乗算	*	a * b（6）
除算	/	a / b（1）
剰余	%	a % b（1）

ここで，乗算がアスタリスク「*」，除算がスラッシュ「/」で表されることに注意してください。

また，「剰余《じょうよ》」という見慣れない演算がありますが，これは「割り算の余り」を求める計算です。ですから，「3 % 2」は「3 を 2 で割った余り」を表し，その値は「1」になります。

そして最も不可解であるのが，除算「3 / 2」が「1.5」ではなく「1」であることでしょう。C 言語では，**正の整数どうしの割り算は小数点以下が切り捨てられます**[*1]。「3 を 2 で割って 1.5 を得る」には，もう少し C 言語の「型」というものについて知らなくてはなりません（→「**5.1** 整数型と浮動小数点型（1）」，116 ページ）。

*1　一方で負の整数の場合，その結果が処理系により異なることがあるので，負の整数の除算・剰余は避けるのが無難です。

また，0による除算・剰余は何が起こるかわからない（**未定義〈undefined〉の動作**になる）ので，事前にチェックして避けるようにします。

一方で，C言語には累乗《るいじょう》の演算子はありません。ですから，「aの2乗」は，乗算を使って「a * a」と書かなければなりません[*2]。

課題 41 **3.4.1のプログラム4**を書き換えて，「aに1を加えたもの」ではなく，「aの3乗」を求めたものを出力させるようにしなさい。

課題 42 int型の変数a，b，c，d，e，x，yを用意し，xを8，yを5で初期化する。aにxとyの和，bにxとyの差，cにxとyの積，dにxをyで割った整数商，eをxをyで割った余りを代入して出力させるプログラムを書きなさい。

*2 BASICなどの言語で，「^」が累乗の演算子として使えますが，C言語では「^」は別の演算を表す演算子なので，間違えて使うと重大なバグを引き起こします。

3.5 式と演算(2)

- 定数や変数に「-」を付けて，符号を入れ替えられる
- 加減算より乗除算は先に実行；優先順位はかっこ「( )」で変えられる

C言語では，複雑な式も計算できます。ただし，計算の優先順位には注意しなければなりません。

3.5.1 符号の演算子

変数や数値定数の前に「-」を付けると，その符号を入れ替えた値が得られます。

定数「3」に「-」を付けて「-3」とすれば，これが−3という値になるのは当たり前といえば当たり前です。それで，変数aが定義されているとき，「-a」はaの値の符号を入れ替えたものです。「-a」の値は，aが3ならば−3，aが−2ならば2になります。

一方，ことさら符号を変えないことを表すのに「+」を付けてよいことになっています。「+3」と書けば当然その値は3です。変数bの値が−3のとき，+bの値は−3です。

3.5.2 計算の優先順位

C言語の式は，日常的な計算式と同じような順序で値が求められて（**評価〈evaluate〉**されて）いきます。ですから，乗除算は，加減算より先に実行されます。剰余（「%」演算子）は，乗除算と同程度の優先順位を持ちます。

たとえば，int型の変数aに対して，

```
a = 5 + 3 * 2;
```

と書かれていた場合は，「3 * 2」の部分が先に評価されて，aに代入されるのは11になります。

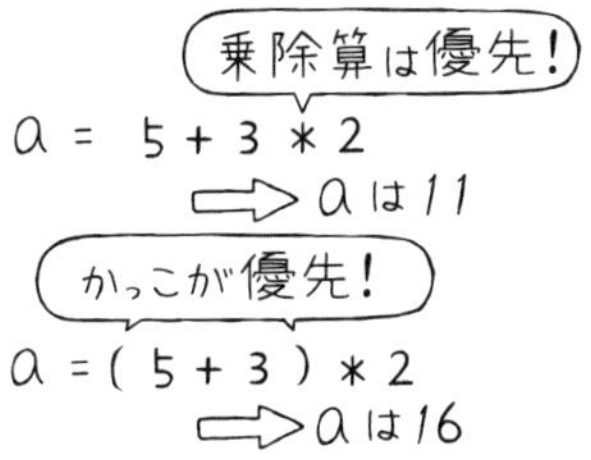

■計算の優先順位を変える

一方，計算の優先順位を変えることもできます。このとき，かっこ「( )」を使います。数学の式と異なるのは，**どんな場合でも小かっこを使う**点です。このとき，かっこの対応関係に注意しなければなりません(かっこが正しく対応できていないと，コンパイルエラーになります)。

たとえば，int 型の変数 a に対して，

```
a = (5 + 3) * 2;
```

と書かれていた場合は，「5 + 3」が先に評価され，a に代入される値は 16 になります。

■わかりやすいプログラムのためのかっこの利用

式を記述するにあたって，先に計算されるとわかっている部分にかっこを付けてもかまいません。C 言語には，四則演算のほかにもさまざまな演算子があり，それらの優先順位も決められていますが，一見してわかりづらいものもあります。プログラムを見て計算がどう進むのかわかりやすいように，ことさらかっこを付けることもあります。

次に示すのは，「a の 5 倍を 4 で割ったあまりを b に代入する」という式ですが，「a * 5 % 4」では少々わかりづらいので，「a の 5 倍」を先に計算することを示すために，（本来は不要なはずの）かっこをことさらに付けています。

```
b = (a * 5) % 4;
```

■わかりやすいプログラムのための式の書き方

C 言語の式は，特に定数は，あらかじめ計算しておく必要は必ずしもありません。

たとえば，「d 日は何分か」を計算するとき，1 日は 24 時間，1 時間は 60 分ですから，24×60＝1440 で「d * 1440」と書けばよいのですが，この「1440」が何を表すのか，一見してわかりません。これは，「d * (24 * 60)」と書いておいてかまわないのです。特に計算順序や，計算過程で特別なことが起こることを気にしなければ，定数は計算しておかずともよいでしょう。

課題 43 次のそれぞれの式を，C 言語の式で表しなさい。ただし，変数の型や変数の値の正負，0 による除算は考えなくてよい。

① $a+5$　② $-b-6$　③ xyz　④ $(a+b)\div c$

⑤ $\dfrac{x}{yz}$　⑥ a^2b^3　⑦ b^2-4ac　⑧ $a\left(\dfrac{a+b}{2}+ab\right)$

課題 44 int 型の変数 a，b，c にそれぞれ 2，3，5 を代入し，その 3 つの変数の値を辺の長さとする直方体の体積と表面積を出力するプログラムを書きなさい。また，a，b，c の値を変えてコンパイルし，結果を確認しなさい。

3.6 入力：おうむ返しのプログラム

- **入力に，scanf() 関数を使用することができる**
- **scanf() 関数で入力された値を一般の変数に収めるときは，変数名の直前に「&」を付ける**

入力がなければ，プログラムは常に同じ動作をし，同じ結果を返すでしょう。入力によって動作が変化するプログラムを作ってみます。

3.6.1 おうむ返しのプログラム

次に示すのは，整数を（キーボードから）入力し，それをそのまま出力するプログラムです。対応する流れ図は，**図 3-5** です。

プログラム 5　入力した数をそのまま出力

```
1:  #include <stdio.h>
2:
3:  main() {
4:    int a;
5:
6:    scanf("%d", &a);
7:    printf("%d¥n", a);
8:  }
```

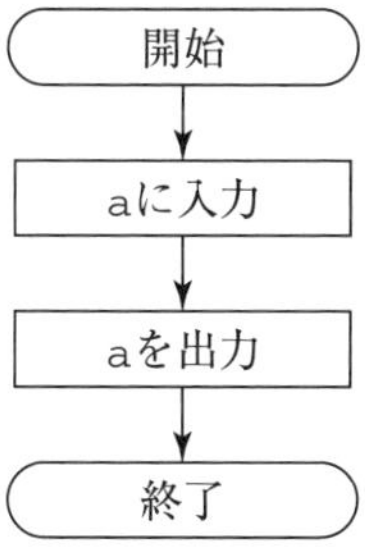

図 3-5

これをコンパイルして実行すると，入力待ち状態になり，整数を入力して Enter キーを押せば，入力した整数をそのまま出力して終了するでしょう。

3.6.2 scanf() 関数

6 行に，見慣れない「scanf(……);」という記述がありますが，これが入力を行っている部分です。printf() 関数と似たような書き方で，逆の働きをしています。

scanf() のかっこ内の，二重引用符でくくられた「%d」は，「入力を整数として解釈しなさい」という意味です（printf() 関数の「%d」，「整数として出力しなさい」に似ています）[*1]。そしてそれを，a に収めています。このとき，**収める変数名には，先頭にアンパサンド「&」を付ける**ことに注意します（付けないと，誤動作します）。この書き方は奇怪ですが，こうなっている理由はC言語の仕組みに関わるお話なので，「関数の中で変数の値を変えてもらうために必要」と覚えて，詳細は置いておくことにします[*2]。

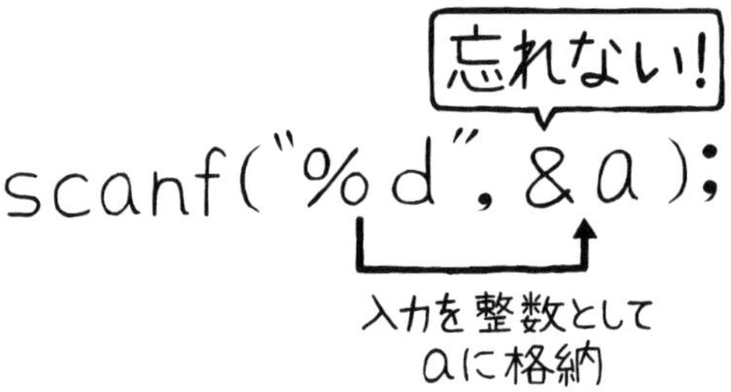

3.6.3 printf() 関数で複数の値を出力

printf() 関数は，「%d」などをその後の式の値に置き換えていきますが，それは複数であってもかまいません。たとえば，**3.6.1 のプログラム 5** を書き換えて，入力した数の2乗を出力するようにしてみます。このときたとえば，4を入力したら，「4 * 4 = 16」のように出力させるものとします。

プログラム6　入力した数の2乗を計算して出力

```
#include <stdio.h>

main() {
  int a;

  scanf("%d", &a);
  printf("%d * %d = %d¥n", a, a, a * a);
}
```

---

*1 printf() 関数のときと異なり，一般に末尾に「¥n」は不要です。「¥n」があると，1回余計に Enter キーを押さないと，入力が完了しなくなります。

*2 scanf() 関数は，便利ではありますが，想定外の入力に非常にもろい面をもっています。ですから，注意深く利用しなければならず，本格的なプログラミングではより安全確実な方法がすすめられます。コンパイラによっては，scanf() およびそれに類する関数を使うと警告が出るものもあります。scanf() 関数の特質を覚えておいて，当面は，「想定された入力しかしない」という仮定のもとで，この関数を使っていくことにします。

問題は7行のprintf()関数です。「%d」が3つ出てきて，その後ろにカンマで区切って式が3つ書かれています(「a * a」のように，単一の変数でない式でもかまいません)。これは，それぞれの「%d」に，後に続く式の値が順にはめ込まれていきます（**図3-6**）。しかして，「4」を入力すれば「4 * 4 = 16」という出力が得られるということになります。

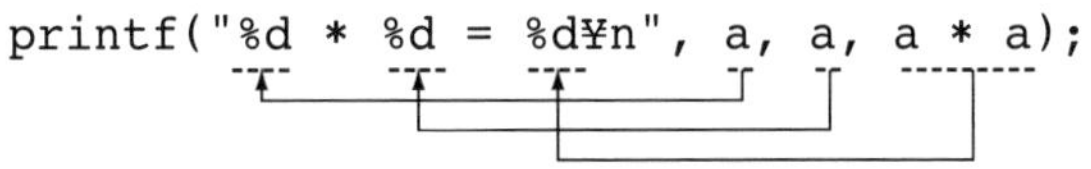

図3-6

課題45　2つの正の整数を入力して，その和・差・積・(整数) 商を出力するプログラムを書きなさい。

課題46　**課題44**（74ページ）のプログラムを，3辺の長さを入力することで，コンパイルし直さなくてもさまざまな直方体の体積と表面積を求められるように書き直しなさい。ただし，正の整数以外の入力は考えなくてもよい。

3.7 C言語プログラムの書き方の掟《おきて》

- **C言語のソース・プログラムは「フリーフォーマット」：空白や改行は，多くの場合意味を持たない**
- **C言語のソース・プログラムは，読みやすいように「字下げ（インデント）」することが強くすすめられる**
- **C言語のソース・プログラムでは，「/* …… */」の形で，語を分断しない限り自由にコメントを入れることができる**

ここまでいくつかの短いプログラムを見てきました。では実際，「**3.1** はじめてのＣ言語プログラム」（60ページ）で述べた，「全角・半角を区別する」「大文字・小文字を区別する」などのほかに，Ｃ言語のソース・プログラムを書くときにどんなきまりがあるのでしょうか。

3.7.1 フリーフォーマット

実のところ，Ｃ言語のソース・プログラムは**フリーフォーマット（free format）**という形式で，これはつまり，「空白や改行に（区切り以上の）たいした意味はない」ということです。ですから，極端な話，「**3.4** 式と演算（1）」（70ページ）の**プログラム4**は，次のように書いてもかまわないのです。

プログラム7　C言語はフリーフォーマット

```
#include <stdio.h>
main()
{int a=3;printf("%d¥n",a);a=a+1;printf("%d¥n",a);}
```

確かにこれでもコンパイルできて実行できるのですが，このプログラムを読んだり直したりすることを考えると，これではやりづらいでしょう。そのため，空白や改行を効果的に入れて，読みやすく書いておくことがすすめられます。1行につき文を1つずつ書いていくのが一般的です。空白の入れ方には，いくつかスタイルがありますが，わかりやすいもので統一しておくとよいでしょう。

また，プログラムの切れ目で空行を入れておくのも効果的です。たとえば，「#include

……」と「main() 関数」を区切るのに，また，関数中の変数の宣言部と処理を分けるのに，空行を挟むということになるでしょう。

プログラム8　空白・改行・空行を使って読みやすく書いたプログラム

```
#include <stdio.h>

main() {
  int a = 3;

  printf("%d¥n", a);
  a = a + 1;
  printf("%d¥n", a);
}
```

3.7.2　字下げ（インデント）

また，C 言語のソース・プログラムでは，「処理のかたまり」を見やすくするために**字下げ（インデント〈indent〉）**を行うことがすすめられます。たとえば上掲の**プログラム 8** では，main() 関数の中が字下げされています。

字下げ幅は，2，4，8 などが一般的です。

これから掲げられるプログラムでも，処理のかたまりをどのように字下げで表現しているかに注意して見ていってください。

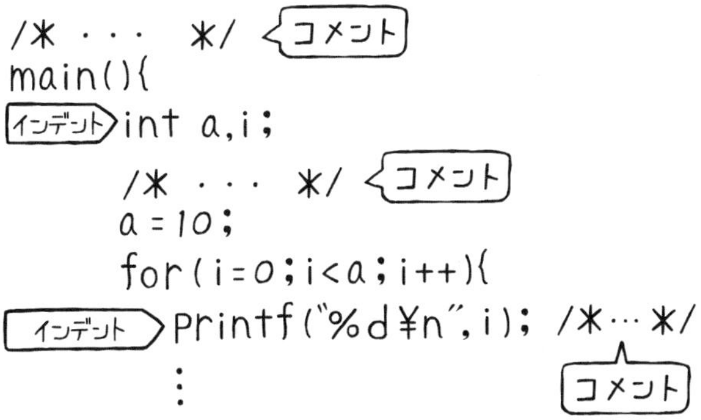

3.7.3 コメント

プログラムというものは，書いているときは何をしているのかわかっているのですが，後で読み返すとさっぱりわからなくなるものです。そこで，どんなプログラムなのか，どんな処理をしているのか，注意すべき点は，などを**コメント**（**comment**）として書き残しておくことができます。

C 言語のコメントは，「/*」で始まり「*/」で終わります。コメントは，語を分断しない限り自由に用いてかまいません。コメントが複数行にわたってもかまいません。

たとえば，「**3.6** 入力：おうむ返しのプログラム」（75 ページ）の**プログラム 5** の冒頭に，どんなプログラムかをコメントとして書き込んでおくとすると，次のようになるでしょう。

```
  /* 入力した整数をそのまま出力するプログラム */
  #include <stdio.h>

  main() {
    int a;

……以下略……
```

本章のチェックポイント

- □ 文字を出力させるC言語プログラムを書けますか？
- □ C言語における「変数の宣言」について説明できますか？
- □ **printf()**関数を使って，変数や式の値を出力させる方法を理解していますか？
- □ C言語の四則演算子を理解していますか？ %演算子は，どんな演算をする演算子ですか？
- □ **scanf()**関数を使って，変数に値を読み込む方法を理解していますか？

4

流れの制御

4.1 条件分岐：if文(1)

- **条件分岐(2分岐)は「`if (……) {……}`」「`if (……) {……} else {……}`」の形式で，かっこ内に判断する条件式を書く**
- **条件判断に，演算子「==」「!=」「<」「>」「>=」「<=」が使える；特に「等しい」が「連続した2個の等号」であることに注意**

プログラムを構成する要素の1つに「判断・分岐」があることは説明しました。C言語では，「Yes／No」の2分岐を行うのに，`if` 文が用意されています。

4.1.1 if文の書式

`if` 文は，条件式を評価して，その成否によって処理を分けるものです。まず，2つの基本的な形を見てみます。

■条件が成立したときだけ実行

まず，条件が成立したときだけ実行するもの。

```
if ( 条件式 ) {
   成立したときに実行する処理
}
```

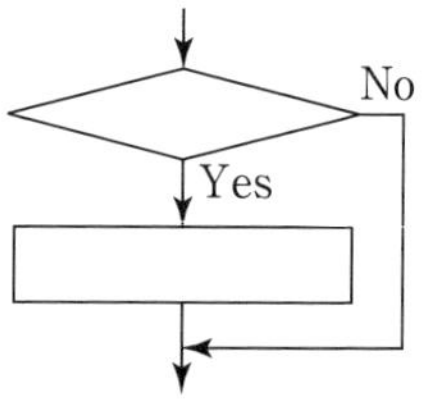

図 4-1

これが，流れ図では**図 4-1** に相当するのはすぐにわかるでしょう。実行する処理は，複数でももちろんかまいません。

■条件の成否で処理を分ける

もう1つは，条件が成り立ったかどうかで異なる処理を実行させるものです。先ほどの形式に，**`else`** に続けて条件が成り立たなかったときの処理を書いていきます。

```
if ( 条件式 ) {
   成立したときに実行する処理
} else {
   不成立のときに実行する処理
}
```

これは，**図4-2**の流れ図に対応します。このときも，複数の処理を書き込めます。

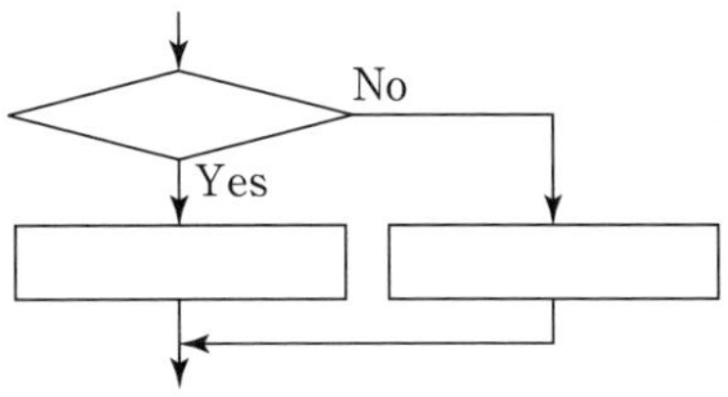

図 4-2

4.1.2　条件式を書く

`if` 文では，条件によって分岐するわけですが，その条件として，変数や式の値を比較することができます。そのために，比較のための演算子が用意されています。

演算	演算子	aが3，bが2（a，bともにint型）のときの成否
等しい	==	a == b（不成立）
等しくない	!=	a != b（成立）
より小さい	<	a < b（不成立）
より大きい	>	a > b（成立）
以下	<=	a <= b（不成立）
以上	>=	a >= b（成立）

ここで，**「等しい」が２個の連続した等号「==」で表される**ことに注意してください。1個の等号「=」は「代入」の意味です。「==」を誤って「=」と書いても，多くの場合C言語の文法には違反しないので，正常にコンパイルできてしまいます。しかし，正しく動作せず，見つけづらいバグになってしまいます。

また，以下「<=」(「=<」ではない)，以上「>=」(「=>」ではない）にも注意しましょう。

4.1.3 if文の例

次に掲げるのは，int 型の変数 a が 0 ならば「ゼロです」，そうでなければ「ゼロではありません」と出力する if 文です。

```
if (a == 0) {
  printf("ゼロです¥n");
} else {
  printf("ゼロではありません¥n");
}
```

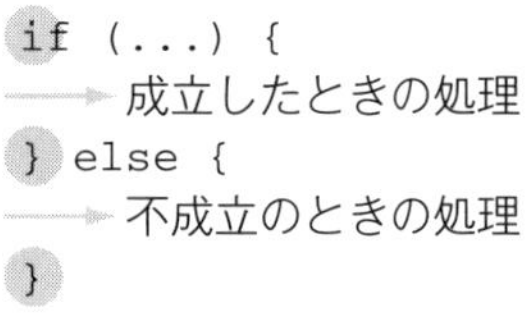

図 4-3

上掲の例のように，if 文では，条件が成立したときの処理，しなかったときの処理を，1 段階字下げして書くのが一般的です（**図 4-3**）。

以降，流れ図中の代入や比較の式は，C 言語の式の形で表していきます。

課題 47 int 型の変数 a = 3，b = 5 であるとき，次の式が成立しているかどうか判定しなさい。

① a != 2　　② a > b　　③ a + 2 == b
④ a / b == 0　　⑤ a - b >= 0　　⑥ (a + b) % 2 == 0

課題 48 2 つの整数を入力し，その大きいほうを出力するプログラムを作りなさい。

課題 49 負でない整数を入力し，偶数か奇数かを判定して出力するプログラムを作りなさい。

4.2 条件分岐：if文(2)

■ **if文の条件成立・不成立それぞれの場合において，さらにif文で分岐してもよい**

if 文で分岐した後さらに分岐して，複雑な分岐を表すことができます。

4.2.1 if文の入れ子

3つの整数 a，b，c を入力し，その最大値を t に収め，それを出力するプログラムを考えてみます。その手順として，**図 4-4** のような流れ図を考えることができます。

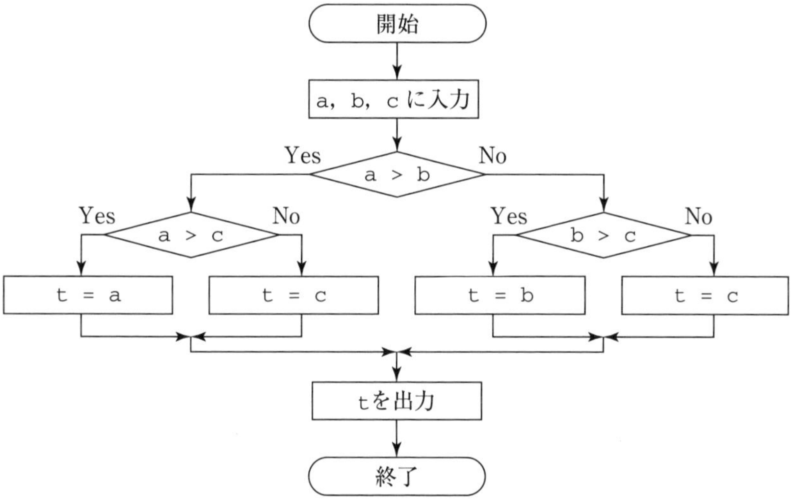

図 4-4

これは，C 言語では，if 文で分岐した処理で，さらに分岐していることになります。ソース・コードは，次のようになります [*1]。

*1　本節では，例示のために if 文を多用したプログラムを書いていますが，最大値を求めるには，実際は **2.10**（46 ページ）で示した勝ち抜き式などのほうが効率が良いプログラムになります。

プログラム9　**3つの数の最大値**

```
 1: #include <stdio.h>
 2:
 3: main() {
 4:   int a, b, c, t;
 5:
 6:   scanf("%d%d%d", &a, &b, &c);
 7:   if (a > b) {
 8:     if (a > c) {
 9:       t = a;
10:     } else {
11:       t = c;
12:     }
13:   } else {
14:     if (b > c) {
15:       t = b;
16:     } else {
17:       t = c;
18:     }
19:   }
20:   printf("最大値は %d¥n", t);
21: }
```

ここで，8〜12行が「a > bのとき」，14〜18行が「a > bでないとき」に実行される処理です。

なお，6行のscanf()関数では，複数の変数に値を収めています。3つの「%d」が順にa，b，cに対応しており，これもprintf()関数に似ています。

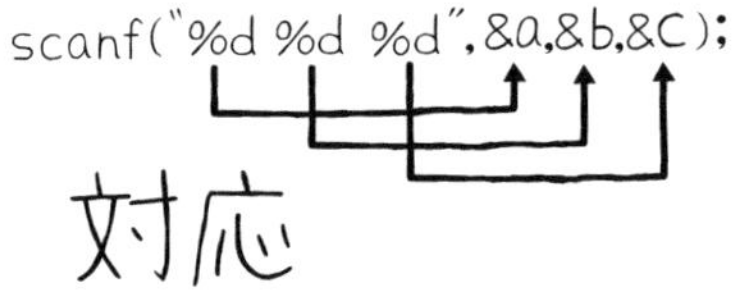

4.2.2　if文と字下げ

前掲のプログラムでは，外側のif文で分岐し，それぞれ実行される処理を字下げしています。また，内側のif文で分岐したものについては，さらに字下げしています。これによって，それぞれの `if` 文で分岐している処理はどこからどこまでかを，人間の目で見てすぐにわかるように書くことができます。

課題 50 係数がすべて整数である2次方程式 $ax^2+bx+c=0$ の係数 a，b，c を入力し，その解を判別し，実数解を持つなら「実数解を持つ」，そうでなければ「実数解を持たない」と出力するプログラムを書きなさい。ただし，2次方程式は $a \neq 0$ であるが，a に0を入力してしまったときには「2次方程式ではありません」と出力させるようにしなさい。

Column

2次方程式の解

2次方程式 $ax^2+bx+c=0$（ただし a は0ではない）の解は，解の公式

$$x=\frac{-b\pm\sqrt{b^2-4ac}}{2a}$$

で求められます。ここで，根号の中の「b^2-4ac」が負になってしまうと，「2乗して負の数になる実数」はありませんから，実数の範囲で解を考えられなくなります。

2次方程式には，解の判別式と呼ばれるものがあり，これによって解が実数になるのか，そうでないのかがわかります。判別式Dは，

$$D=b^2-4ac$$

で，解の公式の根号の中身そのものです。この値が0以上なら実数解を持ち（特に0の場合は同じ値の解を2つ持つ重解になります），0未満なら実数解を持ちません。

なお，2乗して−1になる数i（虚数単位）を導入することで，実数解を持たない場合の解も考えることができます。このとき（判別式が負になるとき）の解は，

$$x=\frac{-b\pm\sqrt{4ac-b^2}\ i}{2a}$$

と表されます。

4.3 条件分岐：if文(3)

- **多分岐は，「`if (……) {……} else if (……) {……} else {……}`」の形で書いていくことができる**
- **条件成立・不成立のときの処理がただ1文である場合は，中かっこ「`{ }`」は省略できるが，処理を書き足すときには注意**

`if` 文の，「……さもなければ，……さもなければ，……」という 2 分岐の積み重ねで，多分岐を表現することができます。

4.3.1 else ifによる多分岐

定形サイズの郵便物の料金は，25 g まで 84 円，50 g まで 94 円，それを超えると定形外の料金になります。定形サイズの郵便物の重量 w〔g〕を入力して，その料金を出力するプログラムの流れ図は，**図 4-5** のようになります。

これは 3 分岐しているのですが，「25 g 以下か，さもなければ 50 g 以下か」と，「No」の場合に次の条件を評価しています。これを C 言語で書くとすれば，`else` 以下で実行する処理に，また `if` 文が入る形になるのですが，このように次々と条件を評価して多分岐する場合には，`else if` と書いて続けて条件を評価していくことができます。

実際これをプログラムすると，次ページのようになります。

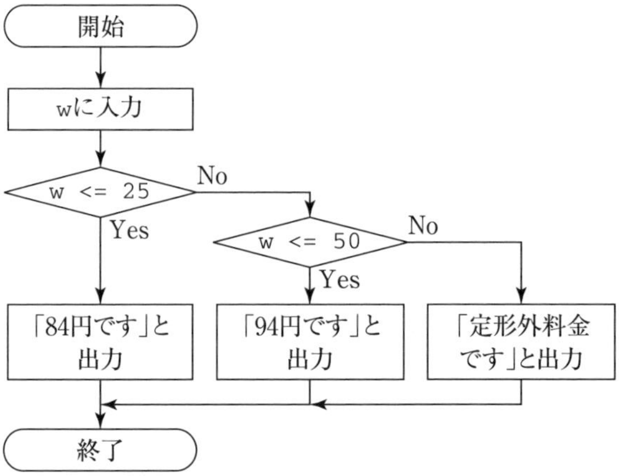

図 4-5

プログラム10 **定形郵便物の料金判別**

```
1:  #include <stdio.h>
2:
3:  main() {
4:    int w;
5:
6:    scanf("%d", &w);
7:    if (w <= 25) {
8:      printf("84円です¥n");
9:    } else if (w <= 50) {
10:     printf("94円です¥n");
11:   } else {
12:     printf("定形外料金です¥n");
13:   }
14: }
```

注目してほしいのが9行です。ここで，「25 g以下でないときに50 g以下か」を評価しています。このようにelse ifをつなげて多分岐させることができます。

4.3.2 中かっこの省略

if文で（後述するwhileループ，do……whileループ，forループでも同様です），分岐の結果実行される文がただ1つである場合，中かっこ「{ }」はなくてもかまいません。

4.3.1のプログラム10では，分岐の結果実行されるのはいずれもただ1文なので，中かっこを省略して，次のようにも書けます。

プログラム11 **if文の中かっこを省略**

```
#include <stdio.h>

main() {
  int w;

  scanf("%d", &w);
```

```
 7:    if (w <= 25)
 8:      printf("84円です¥n");
 9:    else if (w <= 50)
10:      printf("94円です¥n");
11:    else
12:      printf("定形外料金です¥n");
13:  }
```

上記のプログラムでは，字下げがされていますから，それぞれの対応関係は見てわかります（逆に，字下げをする習慣がないと，このようなプログラムを見たときに対応関係が非常にわかりづらくなってしまうのです)。ここで気を付けなければならないのは，「実行する文が2つ以上になったら中かっこでくくらなければならない」ことです。たとえば，「定形外料金です」の後に，「定形外料金表を見てください」と出力させようとして，11行以降を，

```
11:    else
12:      printf("定形外料金です¥n");
13:      printf("定形外料金表を見てください¥n");
14:  }
```

と書き直すと，一見して11行のelseで実行されるのが12〜13行のように見えますが，実際には12行のみがelseで実行される処理になります。上記のコードの中かっこを補い，対応関係を反映させて字下げをすると，

```
11:    else {
12:      printf("定形外料金です¥n");
13:    }
14:    printf("定形外料金表を見てください¥n");
15:  }
```

となります。ですから，「定形外料金表を見てください」の出力は，if文の外にあって，どんなwの入力に対しても，「定形外料金表を見てください」と出力させてしまいます。動作としては誤りですが，プログラムの見た目には誤りがなさそうに見えて，コンパイルはできてしまいます。この場合期待した動作を得るためには，中かっこが必要で

```
  else {
    printf(" 定形外料金です ¥n");
    printf(" 定形外料金表を見てください ¥n");
  }
}
```

と書かなくてはならないのです。

また，if 文が複雑に入れ子になったときにも，中かっこを省略すると対応関係がわかりづらくなり，結果として誤動作を招いてしまうことがあります。if 文が入れ子になっているときは，中かっこを省略しないようにしておくと，間違いが少なくなるでしょう。さらに，前述のようにコードを足したときに誤りを招いてしまわないように，いつでも中かっこを付けるようにしておくのも，ソース・プログラムの見た目の行数が増えてしまいますが，無難な方法です。

課題 51 4 つの整数を入力して，その最大値を出力するプログラムを書きなさい。

課題 52 負でない整数 a と正の整数 b を入力し，$a \div b$ の商と余りを出力するプログラムを書きなさい。ただし，a または b に負の数が入力されたときは，「負の整数には対応していません」と出力し，そうでなくて b に 0 が入力されたときは，「0 で割り算はできません」と出力して，割り算を実行することなく終了させなさい。

4.4 前判定型繰り返し：whileループ

■前判定型繰り返しは「`while （……） {……}`」で，条件が成り立っている間繰り返し

プログラムの実行の重要な要素である繰り返しは，C 言語には 3 種類あります。まずは，前判定型繰り返しを見てみましょう。

4.4.1 whileループ

図 4-6 で表されるような前判定型繰り返しは，**`while` ループ**で記述します。

```
while ( 条件式 ) {
   繰り返す処理
}
```

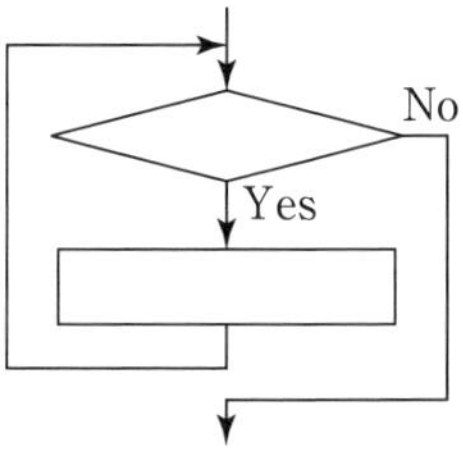

図 4-6

かっこ内の「条件式」が成り立っている間，「繰り返す処理」が実行されます。つまりこれは，**図 4-6** のように「判断」が「Yes」のときに（……の間）繰り返されるものです。条件が「No」のとき繰り返される（……になるまで）繰り返しは C 言語にはありません。ですから，

- 「a が 0 になる**まで**繰り返し」は「a が 0 でない**間**繰り返し」（a != 0）
- 「n が負になる**まで**繰り返し」は「n が 0 以上の**間**繰り返し」（n >= 0）

のように書き換えておかなければならないのです。

また，「繰り返す処理」が 1 個しかない場合，中かっこ「{ }」を省略できます。`if` 文の場合と同じように，処理を書き足す場合は注意しなければなりません。

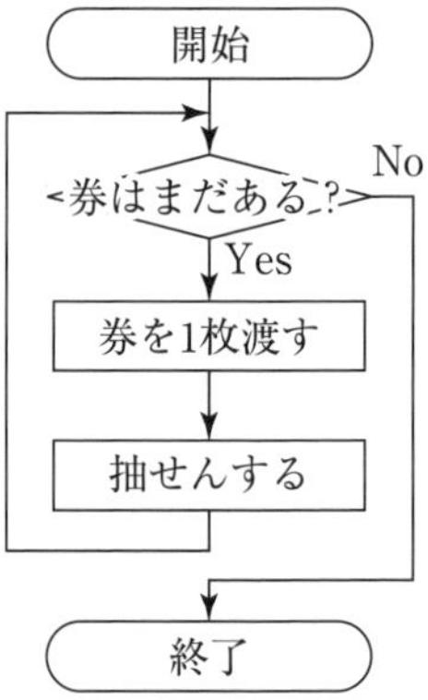

図 4-7

4.4.2 福引き券がある限り福引き

前判定型繰り返しのプログラム例として，福引きの例を使いましょう。流れ図は**図 4-7** のようになるわけですが，ここでは，「福引き券の枚数を入力」して，抽せんに関しては「抽せんし

ました」と出力させるだけにします。

福引き券の枚数をaに入力するものとすると，繰り返しの条件「福引き券はまだあるか？」は，「a > 0」（または「a >= 1」）と表すことができるでしょう。これを踏まえるとプログラムらしい流れ図は**図4-8**のようになります。これをコーディングすると，次の**プログラム12**のようになります。

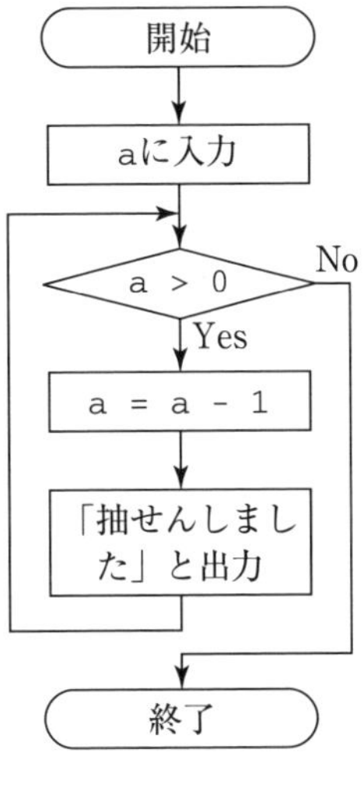

図4-8

プログラム12　福引き券がある限り福引き

```
1:  #include <stdio.h>
2:
3:  main() {
4:    int a;
5:
6:    scanf("%d", &a);
7:    while (a > 0) {
8:      a = a - 1; /* 福引き券を渡す */
9:      printf(" 抽せんしました ¥n");
10:   }
11: }
```

7～10行がwhileループです。8行の，「福引き券を渡す」ことに相当する「a = a - 1」によって，aは減らされていき，いつしかa > 0が成り立たなくなって繰り返しが終了します。入力されたaが0または負の場合は，いきなり7行の条件が成り立ちませんから，「繰り返す処理」（8～9行）は1回も実行されません。

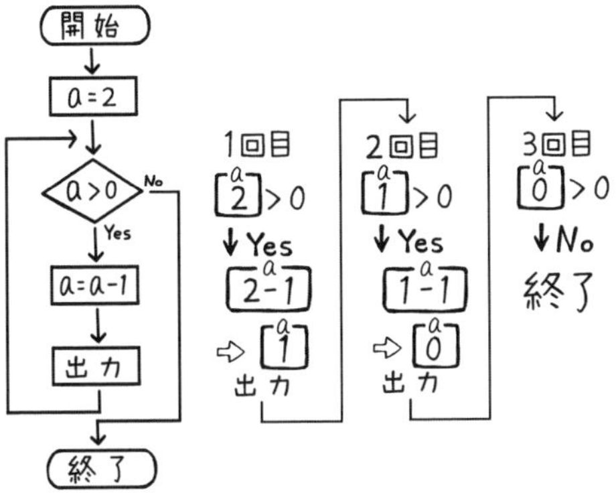

課題 53 **4.4.2** の**プログラム 12** の出力を，「抽せんしました。福引き券はあと？枚です。」のように，福引き券の残り枚数もわかるように書き換え，変数 a の値の変化と繰り返しの関係を確かめてみなさい。

課題 54 入力した正の整数を素因数分解したときに，素因数「2」の指数がいくつになるかを出力するプログラムを書きなさい。すなわち，n を入力して，n が奇数 m を用いて $n=2^k\times m$ と表されるとき，k を出力するプログラムを書きなさい。奇数は 2 で割った余りが 1 になることに注意しなさい。

4.5 後判定型繰り返し：do……whileループ

- 後判定型繰り返しは「**do {……} while (……);**」で，条件が成り立っている間繰り返し
- **while**ループは一度も実行されないことがあるが，**do……while**ループは必ず1回は実行される

while ループは，繰り返し処理を初めて実行しようとする前に条件を評価する「前判定型」でしたが，とりあえず1回実行してから判定する「後判定型」の繰り返しも，C 言語には用意されています。

4.5.1 do……whileループ

while ループに対して，**図 4-9** の流れ図で表される後判定型の繰り返しは，**do……while ループ**で記述します。

```
do {
  繰り返す処理
} while ( 条件式 );
```

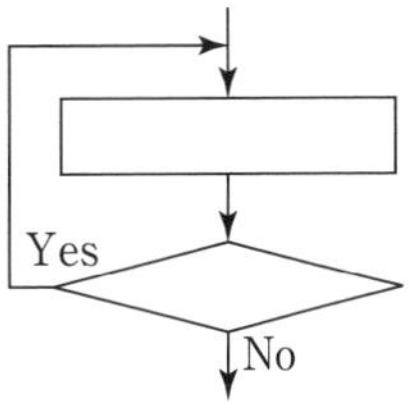

図 4-9

これも while ループの場合と同様に，「条件が成り立っている間」繰り返しです。「……まで繰り返し」としたい場合は，あらかじめ条件を書き換えておきます。

また，do……while ループの書き方で注意しなければならないのは，条件式をくくるかっこに続けて最後にセミコロン「;」が必要な点です（while ループの末尾にはセミコロンは特に不要でした）。

while ループと do……while ループの違いは，流れ図を比較してわかるように，「do……while ループは必ず1回は実行されるが，while ループは1回も実行されないことがある」という点です。

4.5.2 0が入力されるまでおうむ返し

do……while ループを使ったプログラムとして，**図 4-10** の流れ図で表される，「0 を

入力するまで入力された整数をそのまま出力」するプログラムを考えてみます。

「0が入力されるまで」は「入力が0でない間」であることに注意すれば，次の**プログラム13**のようにコーディングできます。

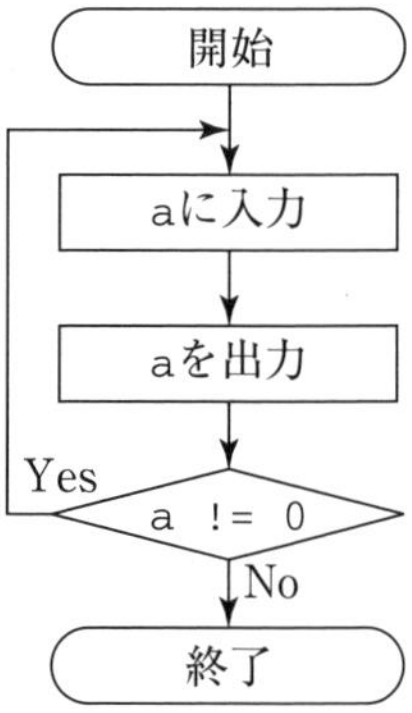

図4-10

プログラム13　**0が入力されるまでおうむ返し**

```
#include <stdio.h>

main() {
  int a;

  do {
    scanf("%d", &a);
    printf("%d¥n", a);
  } while (a != 0);
}
```

課題 55　**図4-11**に示したものは，0を入力するまで入力した数の個数を数えて出力させるプログラムの流れ図である。入力を整数に限って，この流れ図と同じ動作をするプログラムを，do……while ループを使って書きなさい。また，「最後に入力した0はカウントしない」ように，プログラムを書き換えなさい（最後に入力した0の分，nの値が1だけ大きくなっていることに注意しなさい）。

課題 56　整数を入力していき，その合計を累積していく。合計が100を超えたらその合計値を出力して終了するようなプログラムを書きなさい。

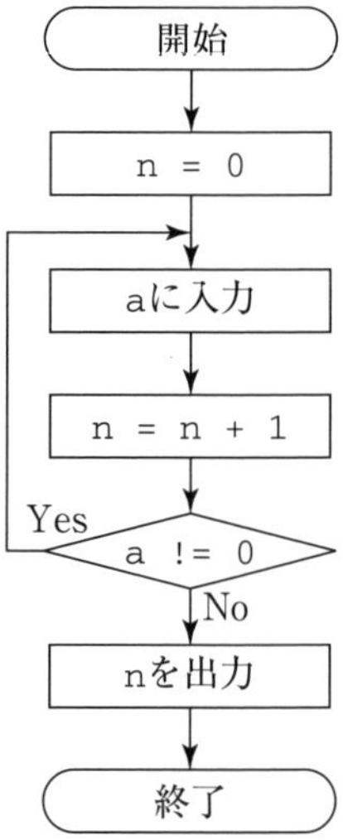

図4-11

4.6 whileループとdo……whileループ

- **do……whileループはwhileループに書き換えられる**
- **条件式に含まれる変数に「不定」が含まれているときに，do……whileループで「1回実行してみる」のが有効**

繰り返しは，whileループのみで表すことができ，do……whileループはwhileループに書き直すことができます。一方で，いずれのループ構造で表すのが都合がよいかということを考えていくと，効果的にプログラムしていくことができるでしょう。

4.6.1 do……whileループからwhileループへの書き換え

whileループとdo……whileループの違いは，「まず判定するか，それとも1回実行してみてから判定するか」という点にあります。ですから，**図4-12**のように「繰り返す処理」を1回分，ループの外に出せば，do……whileループはwhileループに書き換えられます。C言語のコードで書けば，

```
do {
   繰り返す処理
} while ( 条件式 );
```

は，

```
繰り返す処理
while ( 条件式 ) {
   繰り返す処理
}
```

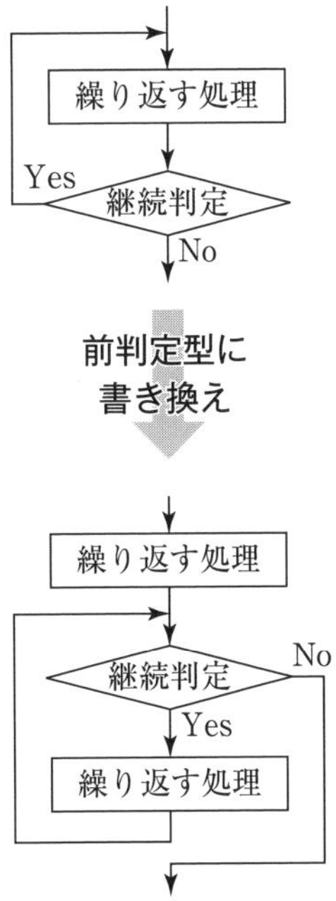

図4-12

と書き換えることができます。

これを踏まえると，do……whileループで書かれていた**4.5.2**（95ページ）の「0が入力されるまでおうむ返しするプログラム」（**プログラム13**）は，whileループを使って次のように書き換えられます。

プログラム14　**0が入力されるまでおうむ返し(whileループ版)**

```
#include <stdio.h>

main() {
  int a;

  scanf("%d", &a);
  printf("%d¥n", a);
  while (a != 0) {
    scanf("%d", &a);
    printf("%d¥n", a);
  }
}
```

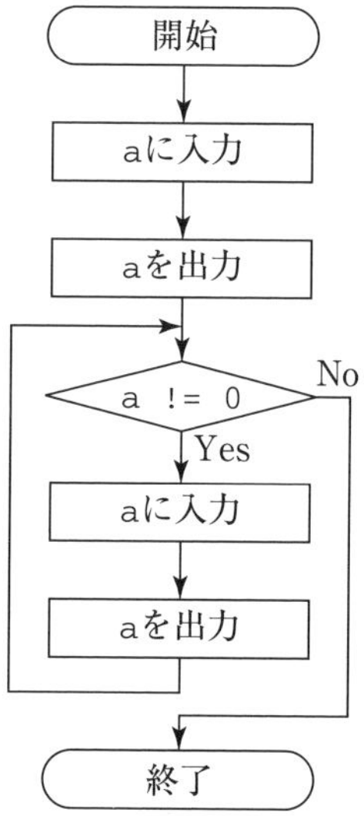

図4-13

この場合の流れ図が**図4-13**のようになることも，先ほどの説明からわかるでしょう。

4.6.2　whileループとdo……whileループの使い分け

do……whileループからwhileループへ書き換えられるわけですから，理論的にはwhileループだけあれば十分で，実際それでプログラムできます。しかし先ほどの，「0が入力されるまでおうむ返し」のプログラムは，do……whileループのほうがスマートに書けています。

後判定型が適している繰り返しは，「まず1回実行してみる必要がある」ものですが，それはたいてい，実行前に判定すると不定か意味のない値を判断することになる場合です。先ほどの例では，「とりあえず1回入力」の前に「a != 0」を判定すると，aは定義された直後で不定なのですから，無意味な比較をしていることになります。

一方で，実行回数が0の場合があるならば，それはwhileループで書かなくてはなりません。

課題57　「0を入力するまでおうむ返し」のプログラムを，「最後に入力した0は出力させない」ように書き換えなさい。

課題58　「0が入力されるまで次々と正の数を入力していき，その中の最大値を出力する」プログラムを書きなさい。初回に「0」を入力したら，最大値を「0」として出力しなさい。特に「0」を入力したときに処理に注意しなさい。

4.7 代入演算子と増分・減分演算子

- 「足し込む」などの演算をする「+=」「-=」「*=」「/=」「%=」という演算子がある
- 「++」「--」演算子は，変数の値を１増やす／減らす

3つめの繰り返し構造を説明する前に，C言語にある独特の演算子をいくつか説明します。これらは，繰り返しにおいて，回数のカウントなどによく使われます。

4.7.1 代入演算子

C言語の式「a = a + 1」は，「aの値に1を加えたものを，aに代入する」という意味です。しかしこれは結局，「aに1を足す」ことにほかなりません。C言語には，この「aに1を足す」のような表現がストレートにできる演算子があります。

演算	演算子	使用例（同等の記述）
足して再代入	+=	a += b（a = a + (b)）
引いて再代入	-=	a -= b（a = a - (b)）
かけて再代入	*=	a *= b（a = a * (b)）
割って再代入	/=	a /= b（a = a / (b)）
余りをとって再代入	%=	a %= b（a = a % (b)）

たとえば，「a = a + 1」は，「a += 1」と書くことができます。同様に，

- 「a = a - 1」は「a -= 1」
- 「a = a * 2」は「a *= 2」
- 「a = a / 4」は「a /= 4」
- 「a = a % 5」は「a %= 5」

と書けます。しかし一方で，「a *= b + 1」は「a = a * b + 1」（a = (a * b) + 1）ではなく，「a = a * (b + 1)」と同等です。ですから，上掲の表には，bにことさらかっこが付いているのです。逆に，「a = a * b + 1」は，代入演算子を使った1つの式では表せません。表すとすれば，「a *= b; a += 1;」と2つの式に分けなければなりません。

厳密には，代入演算子を使った書き方と使わない書き方が機械的に書き換えられない場

合もありますが，よほど複雑な式でない限りは気にしなくてよいでしょう。

4.7.2 増分・減分演算子

変数の値を1増やす／減らす場合は，**増分（インクリメント〈increment〉）**および**減分（ディクリメント〈decrement〉）**という特別な演算が用意されています。

演算	演算子	使用例
増分（インクリメント）	++	a++，++b
減分（ディクリメント）	--	a--，--b

これらは，1個の変数に対して作用するもので（単項演算子），変数の前に書く記法（前置）と後に書く記法（後置）があります。これらの演算子は，たとえばaを1増やすのに「`a = ++a;`」とaに代入しなおす必要はなく，「`++a;`」とだけ書けばaが1増やされます。

たとえば，aの値が3のとき，「`a++;`」を実行した後，aの値は4になります。「`++a;`」でも4になります。また，bが3のとき，「`b--;`」でbは2，「`--b;`」でもbは2になります。

このように，単独で用いる限りは，増分・減分演算子の前置・後置は結果に影響を及ぼしません（同じ結果が得られます）。しかし，これが式の中に組み込まれると，たとえば，「`b = ++a;`」と「`b = a++;`」では結果が変わってきてしまいます。この詳細に関してはまずは省略しますが，まず増分・減分演算子を単独で使用して変数の値を1増やしたり減らしたりする方法を覚えてください*1。

---

*1　C言語の派生言語であるC++の「++」はまさにこの増分演算子のことです。「C言語を（少し）発展させたもの」という意味合いがあります。

課題 59 次のC言語の式を，代入演算子が使われているものはそれを使わない記法に，代入演算子を使っていないものはそれを使ったものに，それぞれ書き換えなさい。1つの式で書き換えが不可能な場合は，それを指摘しなさい。

① `a /= 4`	② `a += b * 2`	③ `a %= b + 1`
④ `a = a - 4`	⑤ `a = 5 + a`	⑥ `a = (b + c) * a`
⑦ `a = a * b + 4`	⑧ `a = a + b / c`	⑨ `a = a * a`

課題 60 **4.4.2 のプログラム 12**（93 ページ）「福引き券がある限り福引き」中の，「福引き券を渡す」に相当する処理を減分演算子を使って書き換え，同じ動作をすることを確認しなさい。

Column

a++ と ++a の違い

増分・減分演算子は，「`++a;`」「`a++;`」のように単独で使用される場合は，違いは現れません。しかし，式の中に組み込まれると，違いが現れます。「増分・減分前の値を計算に使うか，増分・減分後の値を計算に使うか」の違いです。

- 前置形式（`++a`, `--a`）は，先に増分・減分してから計算を実行します（増分・減分後の値を使います）
- 後置形式（`a++`, `a--`）は，計算してから増分・減分します（増分・減分前の値を使います）

たとえば，a が 3 のときを考えます。

- 「`b = ++a + 1;`」は，a を増分して 4 にしてから計算します。結果，b は 5 になります
- 「`b = a++ + 1;`」は，増分前の a の値 3 を使って計算します。結果，b は 4 になります

このように，計算結果に違いが現れます。なお，実行後に a が 4 になるのは，いずれの場合も同じです。

増分・減分の性質をうまく活用すると，コードを効率よく効果的に書ける場合があります。慣れてきたら，増分・減分を使った「うまい書き方」も習得するとよいでしょう。

4.8 forループ(1)

- **forループは「for (……; ……; ……) {……}」という形式で，「第1式で初期化し，第2式が満たされる間，第3式を評価しながら繰り返す」**
- **forループは，whileループに近く，whileループに書き換えられる**

3つめの繰り返し構造はforループです。複雑な書き方をしますが，実のところ，これが最も頻繁に利用する繰り返しです。

4.8.1 forループ

forループは，3つの式を記述し，繰り返しさせるもので，次のような書式です。

```
for (式1; 式2; 式3) {
  繰り返す処理
}
```

forループの動作は，次のようになっています。

①「式1」を評価する
②「式2」を評価し，成り立っていなければ繰り返しを終了
③ 繰り返す処理を実行
④「式3」を評価する
⑤ ②へ戻る

ですから，forループは，「式1で初期化し，式2が成り立っている間，式3を評価しながら繰り返す」と言い表せ，流れ図で表せば，**図4-14**のようになります。この形は，とりもなおさず前判定型の繰り返しです。ですから，forループは，whileループを使って，一般に次のように書きなおせます。

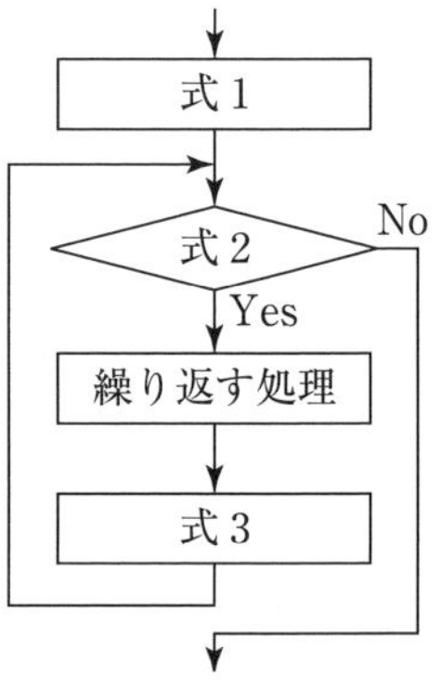

図4-14

```
式1;
while (式2) {
  繰り返す処理
  式3;
}
```

結局whileループを使って表せるわけですが，forループは繰り返しに関する式をまとめて書くことができて，特に回数の定まった繰り返しをすっきりと書くことができるので，重宝されます。

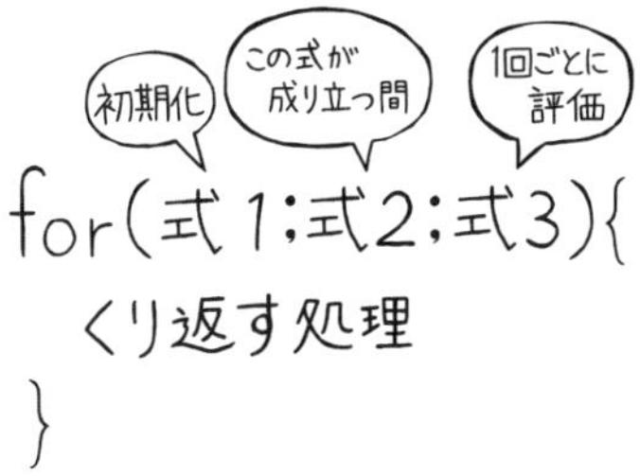

4.8.2 指定回数の繰り返し

forループで最も頻繁に使われる形式は，「指定回数の繰り返し」です。これは，カウンタとなる変数を適当に定め，それをカウントアップしていけばよいのです。

では，例として，流れ図 **図4-15** で表されるような「みりん」と10回出力させて，最後に「ごくろうさん」と出力させるプログラムを書いてみます。

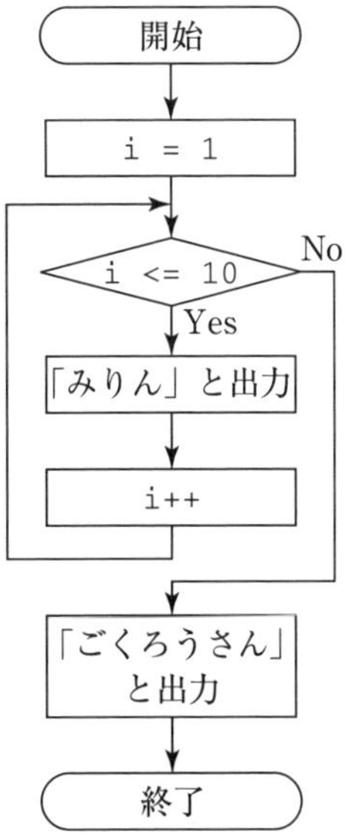

図4-15

プログラム15 「みりん」と10回出力させて「ごくろうさん」

```
#include <stdio.h>

main() {
  int i;

  for (i = 1; i <= 10; i++) {
```

```
        printf("みりん¥n");
    }
    printf("ごくろうさん¥n");
}
```

i は始めに 1 に初期化され[*1]，10 以下の間，1 ずつ増えながら「みりん」を出力しています。i は 1 から始まって 2，3，4，5，6，7，8，9，10 と増えていき，11 になると「i <= 10」が満たされなくなって繰り返しが終了します。ですから，この間の繰り返しは 10 回です。

while ループでも同じ処理は書けますが，「(i = 1; i <= 10; i++)」と書いてあるところから，こちらのほうが「10 回繰り返す」ことが見やすくなっています。

課題 61 入力した回数だけ「『みりん』を出力」を繰り返すように，**4.8.2 のプログラム 15** を書き換えなさい。ただし，0 以下の数を入力したときは 1 回も「みりん」と出力させずに終了するものとする。

課題 62 1 から，入力した正の整数までの和を，繰り返しを用いて求めて出力させるプログラムを書きなさい。

*1 FORTRAN からの名残で，「適当な整数」を表す変数に i，j，k，……，を使う習慣があります。

4.9 forループ(2)

■ forループの典型的な形式として,「カウントアップして繰り返し」「カウントダウンして繰り返し」

forループは,見た目は複雑ですが,まずは典型的な使い方を覚えてしまうと重宝します。また,forループの動作を正しく理解すると,ある程度複雑な繰り返しも,すっきり書くことができます。

4.9.1 forループの典型的な使い方

forループには,典型的な使い方がいくつかあります。「10回繰り返す」4つの典型的な書き方を掲げておきます。

■ 0,1,2,……,9と数えて10回繰り返し

```
for (i = 0; i < 10; i++) { …… }
```

C言語では,繰り返しを0からスタートさせることが多くあります。この場合,第2式を「i < 10」(10を含まない)として,9までカウントして10回繰り返します。「i <= 10」では,繰り返しが11回になってしまいます。

■ 1,2,3,……,10と数えて10回繰り返し

```
for (i = 1; i <= 10; i++) { …… }
```

1からスタートして10回繰り返す場合です。「i <= 10」として,iが10のときにも実行させます。

■ 10,9,8,……,1と数えて10回繰り返し

```
for (i = 10; i > 0; i--) { …… }
```

10からカウントダウンして10回繰り返します。第3式が「i--」になっています。第2式は「i > 0」ですから，「0」は含まれません（1までの繰り返しです）。

■9，8，7，……，0と数えて10回繰り返し

```
for (i = 9; i >= 0; i--) { …… }
```

0で終了するように，カウントダウンで10回繰り返すには，9からスタートして「i >= 0」の条件で繰り返します。この形だけ「10」という数が出てこないので，回数のカウントは注意が必要です。

4.9.2 偶数の和を求めるプログラム

入力された数以下の，偶数の和を求めるプログラムを考えます。これは，**2.11**（49ページ）で見たように

- 1ずつカウントアップして，（分岐して）偶数のときのみ加える
- 2ずつカウントアップして加えていく

という考え方があります。前者の方針の場合，次のようにコーディングできます。

プログラム16 偶数の和（偶数かどうかで分岐）

```
#include <stdio.h>

main() {
  int i, n, s = 0;

  scanf("%d", &n);
  for (i = 0; i <= n; i++) {
    if (i % 2 == 0) {
      s += i;
    }
  }
  printf("%d¥n", s);
}
```

0から始めて，入力されたnまでiをカウントアップしながら，iが偶数（iを2で割った余りが0）のとき，sにその数（i）を足しています。

一方，後者の方針では，forループの第3式を「i += 2」とすることで（7行），2ずつ増やしながらカウントします。

プログラム17　偶数の和(2ずつカウントアップ)

```
1:  #include <stdio.h>
2:
3:  main() {
4:    int i, n, s = 0;
5:
6:    scanf("%d", &n);
7:    for (i = 0; i <= n; i += 2) {
8:      s += i;
9:    }
10:   printf("%d¥n", s);
11: }
```

いずれの場合でも，iがnを超えた時点でループが終了しますから，nまでの偶数が確かに合計されていることがわかります。

課題63　本節の2つのプログラムを，「入力された数以下の3の倍数の和」を求めるように書き換えてみなさい。

課題64　正の整数を入力し，その約数をすべて出力させるプログラムを作りなさい。

4.10 繰り返しを用いたプログラム(1)

- 繰り返しがあるプログラムでは，それが継続する条件を見極めることが重要
- 繰り返しの動作の確認は特にループの最初と最終回に注目する

繰り返しを利用したプログラムを作っていきましょう。このときに注意しなければならないのは，「どのタイミングで繰り返しの継続判定をするのか」「どんな条件で繰り返されるのか」です。

4.10.1 階級分けのプログラム

2.12（52ページ）で扱った，身長を入力して，Sサイズ（165 cm以下），Mサイズ（165 cm超175 cm以下），Lサイズ（175 cm超）のTシャツがそれぞれ何着必要か,「999」が入力されるまでカウントするプログラムです。

この処理の流れ図を素朴に書いてみると，継続判定が途中にある繰り返しになります。これは，**2.6.1**（38ページ）で述べたように，「継続判定より前の処理を繰り返しの前に実行し，繰り返しの末尾に再度実行する」前判定型繰り返しに書き換えてプログラムします（**図4-16**）。

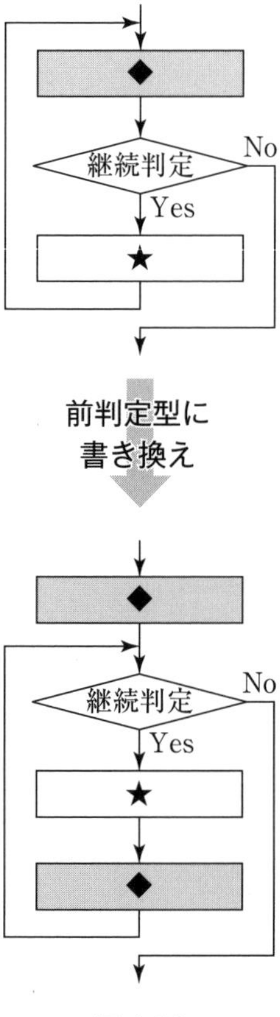

図4-16

プログラム18　階級分けのプログラム

```
#include <stdio.h>

main() {
  int t, s = 0, m = 0, l = 0;

  scanf("%d", &t);
  while (t != 999) {
    if (t > 175) {
      l++;
    } else if (t > 165) {
```

```
      m++;
    } else {
      s++;
    }
    scanf("%d", &t);
  }
  printf("S: %d, M: %d, L: %d¥n", s, m, l);
}
```

4.10.2 累乗を求める

正の整数 x と負でない整数 y を入力して，x^y を求めて出力します。x^y は「x を y 回かける」ことですから，for ループで記述しましょう。

プログラム19 累乗を求めるプログラム

```
1:  #include <stdio.h>
2:
3:  main() {
4:    int x, y, i, p = 1;
5:
6:    scanf("%d%d", &x, &y);
7:    for (i = 1; i <= y; i++) {
8:      p *= x;
9:    }
10:   printf("%d¥n", p);
11: }
```

7～9行のループは，1からyまで，y回の繰り返しです。このとき，iはループの中で使用していませんから（回数を数えるだけですから），7行は0から数えて「for (i = 0; i < y; i++) {」でもかまいません。

8行の「p *= x;」で，pにxを次々にかけていますが，ここで必要なのは「pを1で初期化しておくこと」です。0で初期化しておくと，0に何をかけても0なのですから，答えとして0しか出てきません。

このプログラムの要件に，「y は負でない整数」があります。y が 0 のとき心配ですが，実際，y は 0 でも正しい結果になります。正の数の「0 乗」は 1 ですから，y が 0 のとき 1 が答えにならなければなりません。実際，y が 0 のときは，for ループは 1 回も実行されませんから，p の初期値である 1 が出力されて，これで正しい答えになります。

特別な値が入力されたときのプログラムの振る舞いは，特に注意する必要があります。

くりかえし数	p	結果
1	1	$x = x$
2	x	$x \times x = x^2$
3	x^2	$x^2 \times x = x^3$
⋮	⋮	⋮
y	x^{y-1}	$x^{y-1} \times x = x^y$

課題 65 0 が入力されるまで，正の整数を次々に入力して，その平均（小数点以下は切り捨ててよい）を求めるプログラムを書きなさい。ただし，最後の「0」はデータとしてカウントしない。初回から「0」が入力されたとき，「データはありません」と出力し，0 での割り算をしないようにしなさい。

4.11 繰り返しを用いたプログラム(2)

■ループの中にループが含まれる「多重ループ」がある

複雑なプログラムでは，ループの中にループが含まれる形式が頻繁に現れます。内側のループは，外側のループによって繰り返されます。

4.11.1 かけ算九九の表

かけ算九九は，言うまでもなく1×1から9×9の81通りの1桁《けた》の正の整数どうしのかけ算です。この表を出力させてみましょう。

かけ算には，「かけられる数」と「かける数」とがあって，このそれぞれを1〜9，繰り返します。1×… は1×1から1×9まであって，2×… は2×1から2×9まであって，……，つまり，「かけられる数」の繰り返しについて，「かける数」の繰り返しがあるのです。

これをプログラムで表すには，繰り返しを繰り返させればよいわけです。この場合は，for ループで for ループを繰り返します。このとき，カウンタとする変数は異なるものにしておかなければなりません。

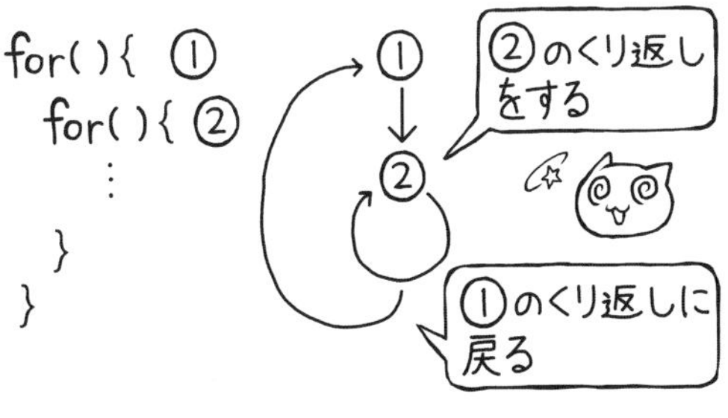

プログラム20　**かけ算九九の表**

```
#include <stdio.h>

main() {
  int i, j;
```

```
5:
6:    for (i = 1; i <= 9; i++) {
7:      for (j = 1; j <= 9; j++) {
8:        printf("%d ", i * j);
9:      }
10:     printf("¥n");
11:   }
12: }
```

7〜9行の，j についての for ループは，その外側の6〜11行の i についての for ループで繰り返されています。ですから，8行は，9回の繰り返しが9回繰り返されますから，計81回繰り返されることになります。

このプログラムの実行結果は，次のようになることが期待されます。

```
1 2 3 4 5 6 7 8 9
2 4 6 8 10 12 14 16 18
3 6 9 12 15 18 21 24 27
4 8 12 16 20 24 28 32 36
5 10 15 20 25 30 35 40 45
6 12 18 24 30 36 42 48 54
7 14 21 28 35 42 49 56 63
8 16 24 32 40 48 56 64 72
9 18 27 36 45 54 63 72 81
```

4.11.2 多重ループによる繰り返し

多重ループでは，内側のループの継続条件（繰り返し回数）が，外側のループによってコントロールされることがあります。これによって，ループの実行のされ方に複雑さが生まれてきます。

たとえば，

```
for (i = 0; i < 10; i++) {
  for (j = 0; j < i; j++) {
    ……
  }
}
```

のような繰り返しでは，内側のループは，「外側が今何回めの繰り返しか」によって，それぞれの繰り返し回数が異なってきます。

課題 66 **4.11.2** の繰り返しの例で，内側（j について）のループは，それぞれの i について何回ずつ繰り返されるか確認しなさい。

課題 67 **4.11.2** の繰り返しを参考に，入力した正の整数について，たとえば4を入力したとき，

```
1
1 2
1 2 3
1 2 3 4
```

と出力させるプログラムを作りなさい。

課題 68 チェス盤は，8×8 の市松模様でできている。白のマスを「□」，黒のマスを「■」で出力させ，この市松模様の盤面を出力するプログラムを書きなさい。ただし，チェス盤は左上が白マスである。

課題 69 1から，入力された正の整数までについて，約数の個数を出力するプログラムを作りなさい。たとえば，6が入力された場合，次のような出力が期待される。

```
1:1 個
2:2 個
3:2 個
4:3 個
5:2 個
6:4 個
```

本章のチェックポイント

- □ **if**文の基本的な使い方を理解していますか？
- □ 比較のための演算子（等しい，等しくない，より大きい，より小さい，以上，以下）を正しく書けますか？
- □ 「=」演算子と「==」演算子の違いを言えますか？
- □ **if**……**else**……を使って，多分岐を表現できますか？
- □ 2つの整数を入力し，大きいほうを出力させるプログラムを書けますか？
- □ **while**ループおよび**do**……**while**ループの使い方とその違いを理解していますか？
- □ 「0が入力されるまで，入力された数の個数をカウントする」プログラムを書けますか？
- □ 「+=」「-=」「*=」「/=」「%=」の各演算子の役割と使い方を理解していますか？
- □ 「++」「--」の各演算子の役割と使い方を理解していますか？
- □ **for**ループの書式と使い方を理解していますか？
- □ 10個の整数を入力して，その合計を出力するプログラムを書けますか？
- □ 10個の整数を入力して，その中の最大値を出力するプログラムを書けますか？
- □ かけ算九九の表を出力させるプログラムを書けますか？

5

整数型と浮動小数点型

5.1 整数型と浮動小数点型(1)

- 小数点以下を持つ数を格納する**float**型・**double**型がある
- 数値定数も，小数点以下がないものは特に断りがない限り整数型
- **printf()**関数で浮動小数点型の値を出力させるには，「**%f**」
- **scanf()**関数で**float**型変数に値を収める場合は「**%f**」，**double**型変数に値を収める場合は「**%lf**」

C言語の変数には「型」があります。これまで，変数として，整数を扱うint型を中心に使用してきました。それ以外の変数の「型」として，小数点以下を伴う数も扱えるものを導入します。

5.1.1 float型とdouble型

「変数の型」というのは，記憶領域のデータ（0と1の羅列）をどのように解釈するか，言い換えれば，変数にどんな値を保持できるかを決めるものでした。int型は，一般的な整数の型名です。

これに対して，小数点以下を持つ数を保持できる，**浮《ふ》動《どう》小《しょう》数《すう》点《てん》型**[*1]があります。C言語では，**float型**と**double型**が一般に使用されます。

この2つの違いは，精度と値の範囲にあります。double型のほうが高い精度と広い値の範囲を持っています。より精密な計算を行う場合，double型を使用します。これまでに紹介したC言語の型を，右表にまとめておきます。

型の種類	型名
一般的な整数型	int
浮動小数点型（単精度）	float
浮動小数点型（倍精度）	double

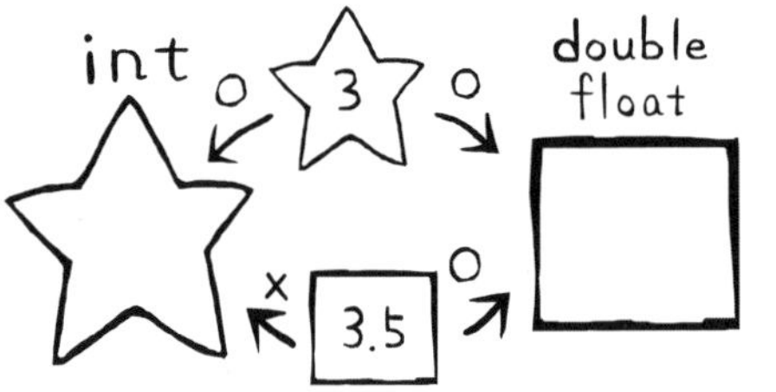

これらの型の変数も，int型と同様に宣言して使用します。たとえば，

```
double x, y;
```

は，double型の変数x，yを宣言しています。

これらの変数の値は小数点以下があっても

*1　端的には，数字の並びと位取りで数を表す方法です。

かまわないのですから，それらの四則演算の結果も小数点以下まで求められます。ですから，

```
double x = 4, y = 5;
```

のとき，「x / y」の値は，0.8 になります（これらが int 型どうしだと，0 になってしまうのでした）。

なお，浮動小数点型に対しては，「%」演算子は使用できません。

5.1.2 数値定数の型

プログラム中に書かれる生の数値，すなわち数値定数にも，型があります。細かい規則はいくつかあるのですが，大筋としては，

小数点以下がなければ整数型，小数点以下があれば double 型

となります。たとえば数学的には同じ「3」という値でも，C 言語のプログラム中に，

- 「3」と書いたら整数型
- 「3.0」と書いたら double 型

になります。

さてこれでどんな違いが生まれるかというと，たとえば，球の体積は，半径を r としたとき，$(4/3)\pi r^3$ です。double 型の変数 r，v を作って，r を入力してその体積を，

```
v = 4 / 3 * 3.14 * r * r * r;
```

と求めようとすると，正しい答えが得られません。なぜなら，最初に「4 / 3」が計算され，これは「『整数』割る『整数』」で，「1」になってしまうからです。ですからこの場合は，

```
v = 4.0 / 3.0 * 3.14 * r * r * r;
```

として，「4.0 / 3.0」として小数点以下も求めさせることが，正しく体積を求めるための 1 つの方法になります[*2]。

*2　割り算を最後にして，「v = 4 * 3.14 * r * r * r / 3;」でもよいでしょう。

5.1.3 浮動小数点型変数の入出力

浮動小数点型の変数を入出力する場合，printf() 関数・scanf() 関数の書き方が少し変わってきます。

printf() 関数では，浮動小数点型（float 型でも double 型でも）の場合，整数型で使っていた「%d」の替わりに「%f」を使います。たとえば，int 型の a，double 型の x を続けて出力させるとき，printf() 関数は，

```
printf("%d %f¥n", a, x);
```

と書くことになるでしょう。

一方，scanf() 関数で

- float 型の変数に値を収める場合は「%f」
- double 型の変数に値を収める場合は「%lf」

を使います。整数型の場合と同様に，変数名の前にアンパサンド「&」を忘れないようにします。たとえば，int 型の a，float 型の x，double 型の y にそれぞれ値を収める scanf() 関数は，

```
scanf("%d%f%lf", &a, &x, &y);
```

と書きます。

課題 70 double 型の値を r に読み込み，半径 r の円の円周と面積を求めるプログラムを書きなさい。ただし，円周率は 3.14159 とする。

5.2 整数型と浮動小数点型(2)

- 「(型名)」で変数の値の型を変換できる
- 数学関数は，「<math.h>」をインクルードすると使用できる；たとえば，正の平方根を求める関数sqrt()などが使用できるようになる

変数の値の型は，変換することができます。また，実数を扱うにあたって，数学関数群が提供されます。

5.2.1 型変換

int型の変数a，bがあって，それぞれ7，4が代入されているとします。「a割るb」を小数点以下まで求めて，double型の変数xに代入したいとき，

```
x = a / b;
```

でうまくいくかというと，うまくいきません。xは「7/4」(「整数」割る「整数」)で1になってしまいます。一方で，a，bが浮動小数点型の値ならば，xは1.75になるでしょう。

C言語には，式の値の型を変換する方法（**キャスト**）が用意されています。値に対して，「**(型名)**」を付けます。たとえば，double型の値に変換する場合は，「(double)」と付けます。ですから先ほどの例の場合，

```
x = (double)a / (double)b;
```

と書くことにより，aとbの値はdouble型に変換され，浮動小数点数どうしの割り算になって，1.75が求められ，xに代入されます。

型変換によって，値が変化する（失われる）場合もあります。int型からdouble型への場合，値は変化しませんが，逆にdouble型からint型に変換するといった場合，小数点以下が失われて（小数点以下が捨てられて）しまいます。

型変換では（変数の）値だけが変換されるのであって，変数の型自体は変換されないことに注意してください。

5.2.2 算術変換

複数の型が混在している計算では，より表現できる値の範囲が広いほうに，自動的に型変換が行われます（算術変換）。

たとえば，先ほどの，int 型変数 a，b について「(double)a / (double)b」は，両方 double 型に変換しています。ですが，実は片方だけ変換しておいても，他方も double に自動的に変換され，1.75 が得られます。ですから実際，

```
x = (double)a / b;
x = a / (double)b;
```

でよいということになります。ところが計算順序も関係するので[*1]，

```
v = 4 / 3 * 3.14 * r * r * r;
```

においては，下線部の「4 / 3」が先に計算されるため，あとに「* 3.14」があっても「4 / 3」は算術変換されず，1 が値となってしまいます。

計算の順序に関連しての詳細はここでは省略しますが，演算の際には型に注意していく必要があります。

5.2.3 数学関数

C 言語では，代表的な数学計算を行う機能が提供されています。これは，入出力機能を「#include <stdio.h>」で使用できるようにしたのと同様に，

```
#include <math.h>
```

と書くことで使用できるようになります[*2]。これにはいくつもの数学計算が含まれますが，まず 1 つだけ，「正の平方根」を求める関数 **sqrt()**[*3] を紹介します。

これは，かっこの中に double 型の値（式・変数）を入れると，かっこ内の値の正の平方根を（double 型の）値として持ちます（sqrt(……) の部分が，かっこ内の値の正

---

*1　四則演算は，同じ優先順位の場合，左から計算すると約束されています。

*2　コンパイラによっては，このほかにコンパイル時に設定が必要な場合もあります。

*3　「sqrt」は，平方根：square root を略したものです。

の平方根の値になったかのように振る舞うということです)。たとえば,

- sqrt(9) は 3
- sqrt(25) は 5

です。a の正の平方根を b に代入するには,

```
b = sqrt(a);
```

と書けばよいことになります。ただし,この関数は,かっこ内に負の値を入れてはいけません。

課題 71 int 型の変数 a = 9,b = 5,double 型の変数 x = 4.0 について,次の各式の値を答えなさい。

① a / b	② a / 4.0	③ a / (double)b
④ x / b	⑤ b % (int)x	⑥ (double)(a / b)
⑦ a / (b + x)	⑧ x / 2	

課題 72 正の値を double 型の変数 a,b に入力し,それらを直角三角形の直角をはさむ 2 辺の長さとして,斜辺の長さを出力するプログラムを作りなさい。

課題 73 2 次方程式 $x^2+ax+b=0$ の係数 a および b を double 型の値として読み込んで,解の公式を使って解を出力するプログラムを書きなさい。方程式が実数解を持たない場合は,「実数解がありません」と出力させなさい。

課題 74★ **課題 73** において,方程式が虚数解を持つ場合,その虚数解を出力させるよう,プログラムを書き換えなさい。

本章のチェックポイント

- □ 変数の「型」について，理解していますか？
- □ **float**型・**double**型の値を出力するとき，**printf()**関数ではそれぞれどんな文字列ではめ込みを指示しますか？
- □ **float**型・**double**型の値を入力するとき，**scanf()**関数ではそれぞれどんな文字列で読み込みを指示しますか？
- □ 2つの式「**6 / 4**」と「**6.0 / 4.0**」の違いを言えますか？
- □ 「キャスト」とそのやり方について説明できますか？
- □ 異なる型の値が式の中に混在しているときについて，演算時の「算術変換」を説明できますか？
- □ 数学関数を使うときに「**#include**」に続けて書くのは何ですか？
- □ 数学関数の1つである，**sqrt()**関数の役割と使い方を説明できますか？
- □ 2点の座標を（**double**型で）読み込み，その2点間の距離を出力するプログラムを書けますか？

6

配列変数

6.1 配列変数(1)

- 配列変数は，「番号付きの変数群」
- 配列変数は，「[ ]」内に使用したい個数を伴って宣言する
- C言語の配列変数は，0番から始まって，個数より1小さい番号まで
- 配列変数は，記憶装置の連続した領域に割り当てられる

大量のデータを処理するのに，たとえば同質のデータを処理するときに，a，b，c，……，のように変数名を付けていると，その処理を繰り返しで書くことが難しくなります。そこで，番号付きの変数群，配列変数が用意されます。

6.1.1 配列変数とは

配列変数（または，単に**配列**）は，番号付きの変数群です。Aの1番，Aの2番，Aの3番，……，のように，「名前と番号」で指すものです。配列変数のイメージは，「つながった箱」です。たとえば，0番から4番までの5個からなる配列変数Aは，**図6-1**のようなイメージになるでしょう。

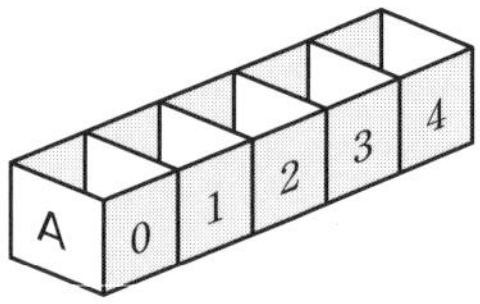

図 6-1

変数に番号が付いていることで，「Aの1番」のように指すことができることはもちろんですが，「何番目か」を変数の値でも指定できます。整数Bを用意して，「AのB番目」と指せるのです。

6.1.2 C言語の配列変数

C言語での配列変数も，通常の変数と同様に宣言してから使います。このとき，「何個使うのか」もあわせて与えます。書式は，

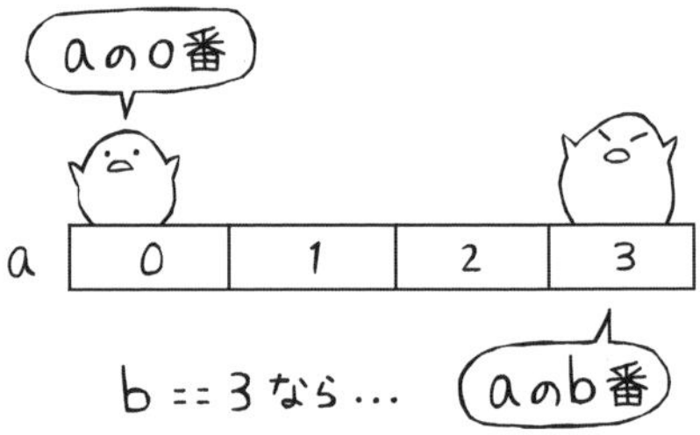


```
型名 配列名 [ 個数 ];
```

です。たとえば，int 型の10個からなる配列aの宣言は，次のようになります。

```
int a[10];
```

配列名に続けて，使いたい個数を大かっこ「[ ]」でくくって与えます。使いたい個数は，コンパイル時に確定していなければなりません（C 言語においては，通常の方法では，個数が変化する配列変数は作れないということです）。

それで，この「int a[10];」によって，どんな配列ができるかということが問題になります。できるのは 1 番から 10 番かというと，そうではありません。C 言語の配列は，**0 番から始まり個数より 1 小さい番号まで**です。ですから,「int a[10];」の定義によって作られる配列変数は，0 番から 9 番まで，すなわち，

```
a[0], a[1], a[2], ……, a[8], a[9]
```

の 10 個です。

配列変数の，番号を付けられた 1 個 1 個の変数は，**配列の要素**と呼ばれます。そして，要素に付けられた番号，先ほどの例ですと 0 から 9 は，**要素番号**，**添え字**，**インデックス（index）**などと呼ばれます。

さて，変数の実体はコンピュータの記憶装置の中にあるのでした。記憶装置の記憶場所には番号（番地：address）が付いています。C 言語の配列変数は，記憶装置の連続した番地に割り当てられます。逆にいえば，記憶装置に割り当てられた連続した領域を，配列変数として使用します。私たちには，それは，「番号付きで並んだ箱」のように見えます。

当面は「配列変数は番号付きの並んだ箱」と考えてかまいませんが，C 言語の高度な利用では，配列変数が記憶装置内に連続して割り当てられていることが重要な役割を演じてきます。

6.1.3 配列変数の操作

配列変数の中身の操作は，要素番号を指定して行います。たとえば，配列変数 a[] が，

```
int a[10];
```

と宣言されていたとき，a[] の 0 番目と a[] の 1 番目の和を a[] の 2 番目に代入するには，

```
a[2] = a[0] + a[1];
```

と書きます。要素番号は，変数でも指定できます。n（int 型）が 0〜9 の値を持っていれば，a[n] でもって a[] の n 番目の要素を指すことができます。

ところで，C 言語では，**配列中の存在しないはずの要素を使うことはできません**。たとえば，先ほどの配列では，a[-1] や，a[10] の中身を見てはいけないのです。特に，**10 個確保したときに 10 番目を使ってしまう（実際には 9 番目までしかない），のようなミスを犯しがち**なので注意する必要があります。

しかし実際，存在しない要素を操作しても，何事もなく動作してしまうことがあります（プログラムが強制停止することももちろんあります）。ですが，何事もなさそうに見えて，実はとてつもない，致命的な誤動作の原因になっていることがほとんどです。「配列の存在しない要素」を触ってしまう問題は，C 言語に存在する，最大級の落とし穴の 1 つなのです。

課題 75 次のように宣言された配列変数の要素の型と，要素番号の範囲を答えなさい。

① int x[100];　② int n[201];　③ double f[5];

6.2 配列変数(2)

■配列変数を一気に初期化する方法はない；forループなどで初期化する
■配列変数の「生まれた瞬間に初期化」の記法もある

配列変数の操作には，通常の変数と違った独特の面があります。これについて見ていきましょう。

6.2.1 配列変数の初期化

ほかの変数と同様に，関数内で通常の方法で定義された配列変数の初期値は「不定」です。ですから，必要に応じて初期化しなければいけません。このとき，一般に，一気に初期化する方法はありません。

犯しがちなミスは，たとえば10個のint型の配列a[]（int a[10];）について，すべての要素を0で初期化しようとして，「a = 0;」と書いてしまうことです。これは所望の結果を得られないばかりか，コンパイルできません[*1]。

この場合の定法は，forループを使うことです。繰り返すことで，すべての要素の値を0にします。10個の配列では要素番号は0から9番までであることに注意して，

```
for (i = 0; i < 10; i++) {
  a[i] = 0;
}
```

のようにします。0から始めて9まででですから，forループの第2式は「i <= 9」でもかまいません。ですが，「i < 10」と書けば，「要素10個を初期化」ということがわかりやすくなります。

*1　これは，「型の不一致」が報告されます。配列変数a[]に対して，その名前「a」は，要素の値とは違った，別の意味を持っているのです。

6.2.2 配列変数を「生まれた瞬間に初期化する」

通常の変数は，たとえば「`int a = 0;`」のように「生まれた瞬間に初期化」することができました。配列変数でも同様のことができます。

■要素数を与えて初期化

たとえば，4個の要素を持つ`int`型の配列`a[]`を，要素番号0から順に，2，4，6，8で初期化して確保するときには，

```
int a[4] = { 2, 4, 6, 8 };
```

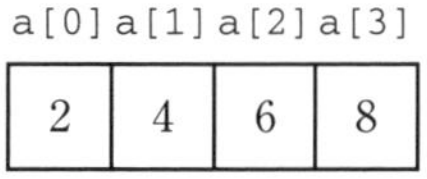

図6-2

と書けます。初期化して代入したい値の列をカンマ「`,`」で区切って並べ，全体を中かっこ「`{ }`」でくくります。そしてそれを，「`=`」で結びます。このとき，値の並びの順に，0番から順に代入されて初期化されます（**図6-2**）。

このときもし，初期化値リストが要素数に満たない場合は，残りは0で埋められます。たとえば，

```
int a[4] = { 2, 4 };
```

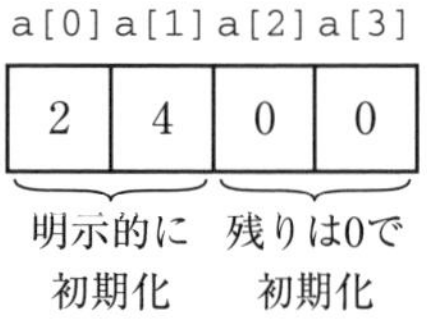

図6-3

では，`a[0]`は2，`a[1]`は4で初期化され，明示的に初期化していない`a[2]`と`a[3]`は0になります(**図6-3**)。これは，まったく初期化しないと不定になる，通常の変数の振る舞いと異なっています。

■要素数を与えずに初期化

一方，要素数を与えず初期化することもできます。たとえば，

```
int a[] = { 2, 4, 6, 8 };
```

では，`a[0]`が2，`a[1]`が4，`a[2]`が6，`a[3]`が8である，要素数4の配列が作られます。要素数が明示的に与えられないときは，初期化する値の数で要素数が決定されます。

逆に言うと，初期化値を与えないと，要素数を明示しないで配列を作ることはできません。

■配列の初期化とそれ以外の代入

「{ }」を使って，配列に複数の値を一気に代入できるのは，初期化のときだけです。ですから，配列が作られた後で，たとえば，

```
int a[4];
a[] = { 2, 4, 6, 8 };
```

のような記述は**できない**ということです。

また，非常に要素数の多い配列は，この方法で初期化するのは煩雑です。for ループを使ったりするほうが効果的でしょう。

課題 76 for ループを使って，次のように宣言された配列の要素すべてを，【 】内の値で初期化するコードを書きなさい。ただし，int 型の変数 i を使用してよい。

① int n[20];【3】　　② double x[100];【99.9】

課題 77 次のように初期化された配列の要素数と，要素の内容を書きなさい。

① int a[5] = { 1, 3 };　　② int b[] = { 3, 1, 4, 1 };

6.3 配列を用いたプログラム：平均と偏差

■配列変数は，要素番号を変数で指定できるので，「すべての要素に対して」の処理には`for`ループが便利

ここから，配列変数を使ったいくつかのプログラム例を見ていくことにしましょう。まずは，「入力データの平均と偏差」を求めるプログラムです。

6.3.1 プログラムの動作

これから作るプログラムは，

- 10個の整数を入力する
- 入力し終えたら，平均を出力させる
- その後，各データを，平均との差（偏差[*1]）とともに出力させる

という動作をするものとします。この処理の流れは，大ざっぱに，**図6-4**のように表せます。

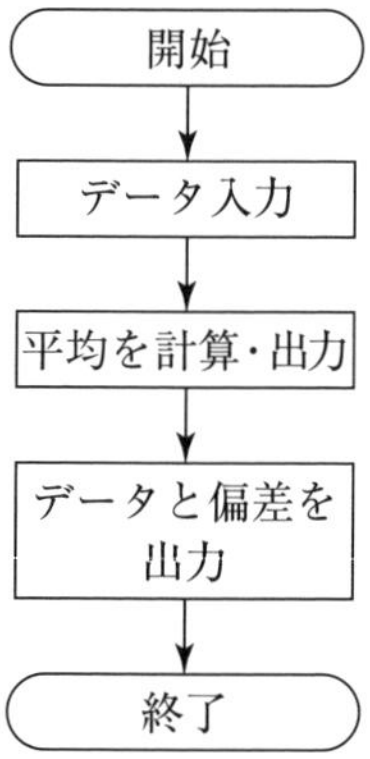

図6-4

ここで，単に入力した10個の整数の平均を求めるプログラムであったら，

プログラム21　10個の値の平均を求める

```
#include <stdio.h>

main() {
  int x, a = 0, i;

  for (i = 0; i < 10; i++) {
    scanf("%d", &x);
    a += x;
  }
```

*1 「偏差」は「偏差値」とは異なる統計量です。

```
10:     printf("平均は %f¥n", (double)a / 10);
11: }
```

でよいことを確認してください[*2]。平均を求めるのに必要なのは，全データの合計とデータ数です。ですから，個々のデータは，平均を求めるだけであったら，次のデータが入力された際に，忘れてしまってよいのです。

ところがこれから作ろうとしているプログラムでは，入力完了後に，もう一度もとのデータを出力させます。さらに，偏差は，「個々のデータから平均を引いたもの」ですから，平均が確定しなければ求められません。よって，入力したデータは，捨てることなく覚えていなければなりません。そのために，a，b，c，……，i，j の 10 個の変数を用意してもよいのでしょうが，賢い方法とはいえません。なぜなら，このプログラムでは，10 個のデータに対して同じ処理が行われますから，繰り返しで記述できるほうがよいからです（a，b，c，……，のような「別々の名前」の変数は，繰り返しに適しません)。ここでの適役は，配列変数になります。このプログラムでは，10 個の整数データを，

```
int x[10];
```

で定義される x[] に記憶していくことにしましょう。

6.3.2 10個の値の入力

10 個の値の入力には，scanf() 関数を使っておきましょう。ここで，配列 x[] に対して，

```
scanf("%d", &x);
```

などと書いて 10 個入力するなどということは**できません**ので，for ループで繰り返して 10 個入力します。int 型の変数 i を使って，

```
/* 10 個の値を入力 */
for (i = 0; i < 10; i++) {
  scanf("%d", &x[i]);
}
```

*2 10 行では，「『整数』割る『整数』」で小数点以下が捨てられないように，a の値を double 型に変換しています。

と書けばよいでしょう。10個の配列は，0番から9番までの要素があることに注意します。繰り返しによって，iが0，1，2，……，9と変化していき，初回（iが0）はx[0]，2回め（iが1）はx[1]，……，とデータが入力されていきます。

6.3.3 平均を求める

入力が完了したら，x[0]からx[9]には入力された整数値が入っています。ですからこれらの合計をとって10で割れば，平均が求められます。

これも同様に，forループを使えばよいでしょう。double型の，0に初期化された変数aを使って，それに合計を求め，10で割ります。

```
/* 平均を求めて出力 */
for (i = 0; i < 10; i++) {
  a += x[i];
}
a /= 10;
printf("平均は %f¥n", a);
```

と書けばよいでしょう。

6.3.4 もとのデータと偏差を出力

最後に，もとのデータと偏差を出力させます。先頭に（0から始まる）データ番号をふって出力させましょう。先ほどまでと同様にforループを使います。

```
/* もとのデータと偏差を出力 */
for (i = 0; i < 10; i++) {
  printf("#%d: %d, %f¥n", i, x[i], x[i] - a);
}
```

i番目のデータはx[i]で，偏差は「x[i] - a」です。これを出力させれば完了です。

このように，配列変数の使用によって，多数のデータを効率的に処理することができます。

6.3.5 少し改良

これまでのプログラム片を，変数宣言などを加えてつなげれば目的のプログラムになりますが，ここで少し改良を考えます。

6.3.1（130ページ）の**プログラム21**を見返してください。値の入力と同時に合計を求めています。今作成したプログラムでも，入力と同時に合計を求めていってかまわないのです。ですから，「入力」と「平均の計算」を1つのループにまとめることにより，プログラム全体にあるループの数は3つから2つに減ります。

```
/* 10個の値を入力して平均を計算 */
for (i = 0; i < 10; i++) {
  scanf("%d", &x[i]);
  a += x[i];
}
a /= 10;
printf("平均は %f¥n", a);
```

しかしそれでも，その後もとのデータと偏差を出力するのですから，入力したデータを捨ててしまうことはできません。ですから，相変わらず入力したデータは配列変数に保管しなければなりません。

6.3.6 完成したプログラム

以上から，**6.3.1**（130 ページ）の要件のプログラムは，次のように完成します。

プログラム 22　平均と偏差を計算するプログラム

```
#include <stdio.h>

main() {
  int i, x[10];
  double a = 0.0;

  /* 10 個の値を入力して平均を計算 */
  for (i = 0; i < 10; i++) {
    scanf("%d", &x[i]);
    a += x[i];
  }
  a /= 10;
  printf("平均は %f¥n", a);

  /* もとのデータと偏差を出力 */
  for (i = 0; i < 10; i++) {
    printf("#%d: %d, %f¥n", i, x[i], x[i] - a);
  }
}
```

このプログラムが目的の動作をするかどうか，さまざまな値を入力して確認しましょう。

課題 78 10 個の整数値を入力して，その中で平均を超えているものの個数を出力させるプログラムを書きなさい。

6.4 配列を用いたプログラム：ヒストグラム

■**配列変数の要素番号には，複雑な式を使うこともできる**

次に作ってみるプログラムは,「試験の成績の集計」です。平均を求めるのであれば, **6.3.1**（130 ページ）で掲げた**プログラム 21** で十分ですが，そうではなく，得点分布を作成するプログラムです。

6.4.1 プログラムの動作

40 人受験した，100 点満点の試験を考えます。これについて，各人の得点を入力して，0〜9 点，10〜19 点，20〜29 点，……，90〜99 点，100 点の 11 階級に分けて集計し，**図 6-5** のようなヒストグラムを作成します。実際の出力では，「*」を使って，

```
  0: *
 10: **
 20: **
 30: *****
 40: ***
 50: ******
 60: *********
 70: ******
 80: ***
 90: **
100: **
```

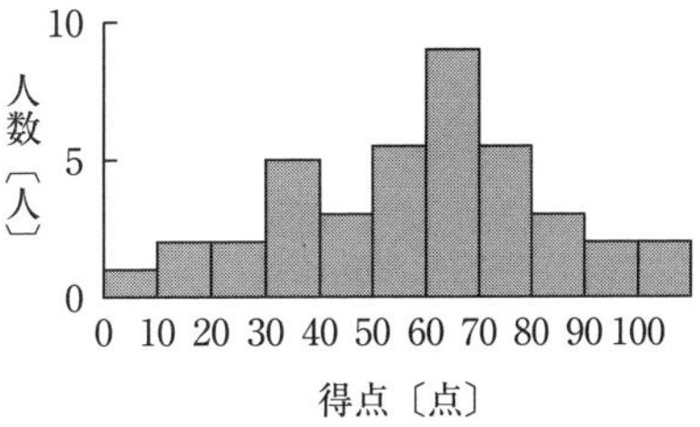

図 6-5

のようにするものとしましょう。

ここで集計するのに必要な考え方は，私たちが日常行う手順の中にあります。集計するときに，表を書いて，それぞれの項目に当てはまるデータが出てくるたびに，「正」の字を作っていく，この要領です。つまり，「正」の字を書いていく「欄」を配列として用意して，当てはまるデータが現れるたびに，その内容を 1 ずつ増やしていけばよいのです。

このプログラムでは，11 階級あるわけですから，「`int r[11];`」を使いましょう。要素番号が 0 から 10 であることに注意します。

6.4.2 入力して集計

40 個のデータの入力は，for ループで scanf() 関数を 40 回繰り返せばよいことは容易にわかります。そして，入力された値に対応する，r[] の要素の値を 1 増やせばよいことになります。その後で，入力したデータは再利用しませんから，入力された値は配列に収めず，次回の入力で忘れてしまってよいでしょう。

さて，問題は入力された値からどのように r[] の要素を増やせばよいか，ということです。たとえば x に入力されたとして，if 文で

```
if (x < 10) {
  r[0]++;
} else if (x < 20) {
  r[1]++;
} else if (x < 30) {
  …
}
```

のように 11 分岐してももちろんかまいませんが，今回の問題の場合，もっとうまい方法があります。これは，

- x が 0 から 9 ならば r[0] を増やす
- x が 10 から 19 ならば r[1] を増やす
- x が 20 から 29 ならば r[2] を増やす
- ……
- x が 100 ならば r[10] を増やす

という法則から，増やすべき r[] の要素番号は，x を 10 で割った整数商であることがわかります。C 言語では，「『整数』割る『整数』」が整数になってしまうことを利用して，入力された x に対して，

```
r[x / 10]++;
```

とすればよいのです。以上から，入力して集計する部分は，int 型の変数 i，x を使って，

```
/* 40個のデータを入力して集計 */
for (i = 0; i < 40; i++) {
  scanf("%d", &x);
  r[x / 10]++;
}
```

と書けばよいことになります。ここで注意しなければならないのは，ループに入る前，r[] の全要素は不定であることです。それにそのまま1を加えてしまっては，不定に1を加えることになって，意味のない値が作られ続けてしまいます。ですから，その前に定法に従って r[] の全要素を0に初期化しておきます。

```
/* r[]を初期化 */
for (i = 0; i < 11; i++) {
  r[i] = 0;
}
```

6.4.3 ヒストグラムの作成

入力と集計が終了すると，r[] の要素には階級ごとの人数が入っていることになります。これを，ヒストグラムとして出力させます。

まず，簡単に，「階級：度数」の形式（度数分布表）で出力させてみましょう。これは，次のように書けばよいはずです。

```
for (i = 0; i < 11; i++) {
  printf("%3d: %d¥n", i * 10, r[i]);
}
```

階級は，0, 10, 20, ……，と i の10倍になっていますから，「i * 10」を出力させます。そしてそれに続けて r[i] の値を出力させればよいことになります。ここで，printf() 関数の変換文字列「%3d」は，「整数を少なくとも3桁《けた》幅で，右詰めで出力」を意味します。ですから図6-6のように，「0」ならば先頭に2個空白が入って，「10」ならば先頭に1個空白が入って，「100」

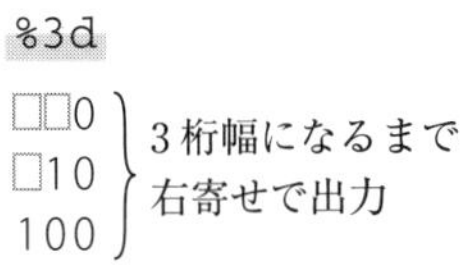

図6-6

ならば空白を入れずに出力されます[*1]。これで揃《そろ》って出力されます。

ここまでで度数分布表ができました。これからヒストグラムにするには，「度数を数値で出力するのではなく，度数の値だけ『*』を出力」させればよいのです。ですから，0, 1, 2, ……, 10 の i に対して，r[i] 回，「*」を出力させる printf() 関数を実行し，その後改行のみ（¥n）を出力させればよいことになります。これは，int 型の変数 j も用意して，次のような 2 重の for ループで書けます。

```
/* ヒストグラムを表示 */
for (i = 0; i < 11; i++) {
  printf("%3d: ", i * 10);
  for (j = 0; j < r[i]; j++) {
    printf("*");
  }
  printf("¥n");
}
```

6.4.4 完成したプログラム

以上から，完成したプログラムは次のようになります。

プログラム 23 試験の得点分布をヒストグラムで出力

```
#include <stdio.h>

main() {
  int i, j, x, r[11];

  /* r[] を初期化 */
  for (i = 0; i < 11; i++) {
    r[i] = 0;
  }
  /* 40 個のデータを入力して集計 */
  for (i = 0; i < 40; i++) {
    scanf("%d", &x);
```

*1 printf() 関数の出力書式設定の詳細は**付録 C**（251 ページ）参照。

```
    r[x / 10]++;
  }
  /* ヒストグラムを表示 */
  for (i = 0; i < 11; i++) {
    printf("%3d: ", i * 10);
    for (j = 0; j < r[i]; j++) {
      printf("*");
    }
    printf("¥n");
  }
}
```

課題 79　本節のプログラムでは，誤って 0～100 以外を入力すると，「存在しない配列の要素」への操作が起こる恐れがある。0～100 の入力以外はカウントしないように（0～100 が 40 個入力されて入力が終了するように）書き換えなさい。

課題 80　1 から 20 までの整数を 5 個入力し，入力された値は「*」，入力されていない値は「.」で表すプログラムを書きなさい。ただし，重複があってもかまわないものとする。たとえば，3，14，15，9，2 を入力すると，次のように出力されることを期待している。

```
.**.....*....**.....
```

6.5 配列を用いたプログラム：参照テーブル

■配列変数は，番号に対応した値を引き出す参照テーブルとして利用することもできる

次に考えるプログラムは，平年（うるう年でない年）について，2つの日付から日数を計算するプログラムです。

6.5.1 プログラムの動作

ここで考えるプログラムは，次の条件を満たす2つの日付の入力について，その間の日数を出力させるものです。ただし，平年（2月は28日）とします。

- 2つめに入力する日付は，1つめに入力する日付より後の日付
- 存在しない日付は入力しない。

たとえば，「1月10日」と「1月15日」では「5日」を出力します。「1月20日」と「3月11日」では，「50日」を出力します。ただし，「1月10日」と「1月5日」のような入力はしないものとし，「1月32日」のような入力もしません。

6.5.2 月と日数の対応表を配列で作る

ここでのアイディアは，配列を辞書のように使用するということです。各月の日数は，31，28，31，30，31，30，31，31，30，31，30，31であり，これをすっきり表せる式を作るのは大変ですし，かといって12分岐するのも大変です。

ですから，次のような配列を作ります。0番は使用しないものと約束し（ダミーの値0を入れておきます），要素番号12番まで存在する要素数13の配列です。

```
int days[]
= { 0, 31, 28, 31, 30, 31, 30, 31, 31, 30, 31, 30, 31 };
```

これで，days[1]は1月の日数31ですし，「days[1] + days[2]」で1月と2月の合計日数59が得られます。

6.5.3 日数を求めるアルゴリズム

では，2つの日付から日数を求めるにはどうすればよいでしょうか。入力された日付1がm1月d1日，日付2がm2月d2日としましょう。前提条件として，日付2は日付1より後の日付とします。

これは，次のように求められると予想されます。

(m1 月の残日数) ＋ ((m1 + 1) 月から (m2 - 1) 月の日数) ＋ (d2 日)

たとえば，1月20日から4月15日までだと，

- 1月20日からの1月の残日数（31日まで）は11日
- 2月・3月の日数の合計は59日
- 4月1日から15日までは15日

で，合計85日になります（**図6-7**）。

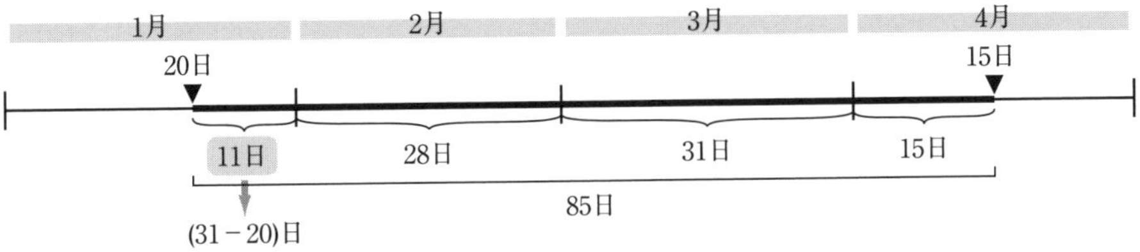

図6-7

1項めは，「days[m1] - d1」で求められます。たとえばその月が31日ある月ならば，31日から数えれば残りは0です。30日からは1日，29日からは2日，……，1日からは30日です。

2項めは，int型のdに日数を求めるものとし，int型のmを使って次のように求められます。

```
for (m = m1 + 1; m <= m2 - 1; m++) {
  d += days[m];
}
```

ここで注意しなければならないのは，m1とm2が隣りの月である場合（m2 - m1が1

のとき）です。このとき，「丸ごと日数を加えるべき月」はありません。ここで for ループを見ると，第2式は初回から満たされませんから，繰り返しは1度も実行されないということになり，これはそのまま正しい動作になっています。

そして3項めの m2 を加えれば，日数が求められます。

ところがこれが成り立つのは，同月でないとき（m2 > m1 のとき）だけです。同月のとき，たとえば，1月3日と1月10日は7日ありますが，先述の手順で計算すると，

- 1項め：1月の3日からの残日数は28日
- 2項め：for ループは初回から満たされないので0日
- 3項め：10日

で計38日になってしまいます。ですから簡単には，同月の場合は特別扱いして，「d2 - d1」を求める日数とすればよいことになります。

6.5.4 日数を求めるプログラム

以上の議論から，プログラムは次のように書けるでしょう。

プログラム24 日数を求めるプログラム

```
#include <stdio.h>

main() {
  int days[] = { 0, 31, 28, 31, 30, 31, 30, 31, 31, 30, 31,
                    30, 31 };
  int m1, d1, m2, d2, d, m;

  /* 日付を入力 */
  printf("日付1：");
  scanf("%d%d", &m1, &d1);
  printf("日付2：");
  scanf("%d%d", &m2, &d2);
  /* 日数を計算 */
  if (m1 == m2) {
    d = d2 - d1;
```

```
15:     } else {
16:       d = days[m1] - d1;
17:       for (m = m1 + 1; m <= m2 - 1; m++) {
18:         d += days[m];
19:       }
20:       d += d2;
21:     }
22:     /* 日数を出力 */
23:     printf("日数：%d¥n", d);
24:   }
```

6.5.5 もう少しよい方法

6.5.4 のプログラム 24 で，確かに要件どおりの結果は得られます。しかしよく考えると，m1 と m2 が等しいかどうかで分岐する必要がないアルゴリズムがあることがわかります。

たとえば，3 月 10 日から 4 月 15 日まで（36 日間）を求めるにあたっての式は，

```
days[3] - 10 + 15
```

です。3 月 10 日から 6 月 15 日まで（97 日間）であれば，

```
days[3] - 10 + days[4] + days[5] + 15
```

となります。同じ月の場合，3 月 10 日から 3 月 15 日では，

```
15 - 10
```

で求められます。以上から，一般の式は，

d2 − d1 +（m1 月から（m2-1）月までの合計日数）

となることがわかります。ですから，プログラムの 13 行から 21 行は，分岐させることなく，

```
d = d2 - d1;
for (m = m1; m <= m2 - 1; m++) {
  d += days[m];
}
```

と書き換えてよいことになります。

課題 81 本文中のプログラムを書き換えて，2つめに入力した日付が1つめに入力した日付よりも前であっても動作するように（2つめの日付から1つめの日付までの日数を出力できるように）しなさい。

課題 82 金額を入力し，それを10,000円，5,000円，2,000円，1,000円の紙幣および500円，100円，50円，10円，5円，1円の硬貨の，合計数が最小になる組み合わせで表して出力するプログラムを書きなさい。たとえば，8,823円という入力に対して，

```
5000円：1
2000円：1
1000円：1
500円：1
100円：3
10円：2
1円：3
```

と出力されるものとする。

6.6 真偽と論理演算子

- 「正しい」を「真」，「正しくない」を「偽」という
- ! 演算子によって，真偽が反転する
- || 演算子は「または」，&& 演算子は「かつ」を表す

if 文や while, for といったループの条件について，少し詳しくみてみましょう。また，複雑な条件を表す式の書き方も説明します。

6.6.1 真と偽

「正しい」を**真**《しん》（true），「正しくない」を**偽**《ぎ》（false）といいます。たとえば，int 型の変数 a の値が 3 であるとき，「a == 3」は真です。「a == 5」は偽です。「a != 5」は，「a が 5 でないかといったら，そのとおり」なので真です。「a != 3」は「『a は 3 ではない』のではない」ので，偽になります。

ここで，C 言語の if 文を見直してみると，これは，「かっこの中の式が『真』を表していたら続く処理を実行（し，そうでなかったら else 以下を実行）」です。while，do ……while ループは，「かっこ内の式が『真』を表していたら繰り返すべき処理を実行」します。for ループも，継続条件は「第 2 式が『真』を表していたら」です。

6.6.2 論理否定演算子

さて，C 言語には，真を偽に，偽を真にする演算子があります。**! 演算子**です。これは，1 つの値に作用します（単項演算子）。

演算	演算子	使用例
論理否定	!	!(a == 3)，!(a > 5)

これによって，先ほど同様 int 型の変数 a の値が 3 であるとき，「!(a == 3)」は偽，「!(a == 5)」は真になります。

この演算子は，非常に優先順位が高い（「!a == 3」と書くと「(!a) == 3」という意味になる）ので，比較結果の真偽を反転するときは，比較をしている式にかっこを付けることになります。

6.6.3 論理和・論理積演算子

複雑な条件を記述するのに，2つの式を結んで「または」「かつ」を表す演算子が使えます。

<table>
<tr><th>演算</th><th>演算子</th><th>使用例</th></tr>
<tr><td>論理和（OR）</td><td>||</td><td>a == 3 || b != 2</td></tr>
<tr><td>論理積（AND）</td><td>&&</td><td>a == 3 && b != 2</td></tr>
</table>

|| 演算子は「または」を表し，その左側と右側の一方でも「真」を表していれば，全体が「真」になります。たとえば，「a == 3 || b != 2」は「a が 3」**または**「b が 2 以外」で真になります。

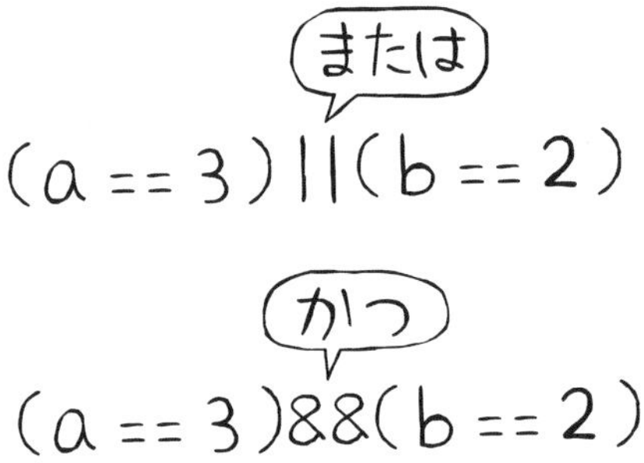

一方，**&& 演算子**は「かつ」を表し，その左側と右側の両方が「真」を表しているときのみ，全体が「真」になります。たとえば，「a == 3 && b != 2」は「a が 3」で**しかも**「b が 2 以外」で真になります。

この 2 つの演算子は，>，>=，<，<=，==，!= といった比較よりも弱く結合するので，上の表の使用例のように，かっこを付けずに使用してかまいません。もちろん，わかりやすくするために「(a == 3) || (b != 2)」「(a == 3) && (b != 2)」と書いてもかまいません。

|| 演算子と && 演算子が混在しているときは，&& 演算子のほうが強く結合します。たとえば，「a == 3 || b != 2 && c > 5」は，「a == 3 || (b != 2 && c > 5)」と同じです。

■ショートサーキット

ところで，この 2 つの演算子には特徴的な動作があって，それは，「まず左側の式を評価して，右側の式を評価するまでもなく真偽が確定すれば，右側は評価しない」という点です（**ショートサーキット 〈short circuit〉**）。つまり，

- || 演算子の場合は，左側が真を表していれば，この時点で真は確定なので，右側を評価しない
- && 演算子の場合は，左側が偽を表していれば，この時点で偽は確定なので，右側を評価しない

ということです。これはややこしい話ですが，これは，演算子の右側に変数の値を変えたり入出力を伴ったりする式が入っていると，実行されないことによって動作が変わってくることを意味しています。この事実のみを覚えておいて，単に変数の値を比べたりしている限りは，|| は「または」，&& は「かつ」を表す，ということで利用すればよいでしょう。

課題 83 int 型の変数 a，b，c の値がそれぞれ 5，6，8 のとき，次の各式の真偽を答えなさい。

① b != 6　② a + b > c　③ b % a == c / b
④ !(a > 0)　⑤ a == b || c > b　⑥ c - a > b && a > c

Column

ド・モルガンの法則

ド・モルガンの法則は，論理や数学の集合の分野で，論理和・論理積・否定（和集合・積集合・補集合）の関係を表すものです。

これは，端的には，「全体の否定と，一部の否定を入れ替えると，『または』と『かつ』が入れ替わる」と言い表せます。これを，C 言語の式で表すと，A，B を真偽が定められる式として，

・!(A || B) は !A && !B と同じ
・!(A && B) は !A || !B と同じ

となります。

たとえば，「a は 100 以上または b は 50 未満」を，C 言語の式で表すと，

```
a >= 100 || b < 50
```

です。この否定は「『a は 100 以上または b は 50 未満』ではない」で，「!(a >= 100 || b < 50)」と書けますが，ド・モルガンの法則を使って言いかえると，

```
a < 100 && b >= 50
```

「a は 100 未満で，かつ，b は 50 以上」になります。

これは，「どのような条件で繰り返しが停止するか」を考えて，その否定として繰り返しの継続条件を考えるときに利用できます。「A または B」で繰り返しが停止する場合，「A でなく，B でもない」ときが繰り返しの継続条件になります。

6.7 #defineと記号定数

- 「**#define 名前 置き換えるテキスト**」で，コンパイル時に「名前」が後続のテキストに置き換えられる
- **#define**によって，定数に名前を与えて「記号定数」とすることができる
- **#define**は，プログラムに繰り返し出てくる数値を扱いやすくしたり，定数の意味をはっきりさせたりするのに役立つ

たとえば，**6.3.6**（134 ページ）の**プログラム 22** では，10 個の値を入力して平均と偏差を求めるにあたって，「**10** 回の繰り返し」のあと，合計を **10** で割り，偏差を **10** 個の値について求めています。ここで，これらの「10」はすべてデータ数「10」のことを指し，同じ意味を持っています。データ数を変更するには，データ数に関わるすべての「10」を変更しなければなりません。そしてもし，データ数でない「10」があったら，それは変更してはなりません。

6.7.1 意味のある数

プログラムには，「意味のある数」が多く現れます。先ほどの例のプログラムを再掲すると，（コメントは除いて）下線で示した 4 個の「10」が，いずれもデータ数を表しています。

プログラム 25　**平均と偏差を計算するプログラム（再掲）**

```
#include <stdio.h>

main() {
  int i, x[10];
  double a = 0.0;

  /* 10 個の値を入力して平均を計算 */
  for (i = 0; i < 10; i++) {
    scanf("%d", &x[i]);
    a += x[i];
```

```
  }
  a /= 10;
  printf("平均は %f¥n", a);
  /* もとのデータと偏差を出力 */
  for (i = 0; i < 10; i++) {
    printf("#%d: %d, %f¥n", i, x[i], x[i] - a);
  }
}
```

たとえばこのプログラムを，データ数を 20 にして実行させたいとするならば，4 か所の「10」を「20」に変更しなければなりません。4 か所ならばまだしも，大きなプログラムになって変更箇所が多くなったらこの作業は大変で，しかも間違いを招きます。さらに，プログラム中にデータ数を表すのではない「10」があったら，混乱すること間違いありません。

また，このプログラムを「読む」ことを考えるとき，4 つの「10」がデータ数を表していることを，すぐに見出せるでしょうか[*1]。

6.7.2 定数に名前を付ける

そこで，この「データ数」という意味がある定数 10 に名前を付けて，その名前で呼ぶことを考えます。そのために使うのが，**#define** です。書式は，

```
#define 名前 置き換えるテキスト
```

です。一般に，最後にセミコロンは不要であることに注意してください。これでたとえば，データ数に N という名前を付けるとすると，

```
#define N 10
```

と書けばよいことになります。これによって，以降のプログラム中の「N」が，コンパイル時に「10」に置き換えられます。このように名前を付けられた定数を**記号定数**といいます。

この #define は，多くの場所に現れることができますが，小さなプログラムでは，ソー

*1 意味がある／意味ありげな数値が，「生の数値」で書かれているものを，マジックナンバー（魔法の数）といいます。

ス・コードの冒頭の，#include の直後に集中して書くのが一般的です。また，C 言語では，記号定数の名前はすべて大文字で付ける習慣があって，これにより小文字を中心に構成する変数名などと区別します。

記号定数を使って先ほどのプログラムを書き換えると，次のようになります。

プログラム 26　平均と偏差を計算するプログラム(記号定数を使って書き換え)

```
#include <stdio.h>

#define N 10

main() {
  int i, x[N];
  double a = 0.0;

  /* N 個の値を入力して平均を計算 */
  for (i = 0; i < N; i++) {
    scanf("%d", &x[i]);
    a += x[i];
  }
  a /= N;
  printf(" 平均は %f¥n", a);
  /* もとのデータと偏差を出力 */
  for (i = 0; i < N; i++) {
    printf("#%d: %d, %f¥n", i, x[i], x[i] - a);
  }
}
```

これによって，名前「N」によって「同じ意味を持つ定数」が示されることになります。

6.7.3　記号定数の利用

さて，記号定数により，定数に意味を見出しやすくなりました。先ほどのプログラムで，データ数以外にも意味のある定数があるのであれば，それも #define で置き換えられるようにしておけばよいでしょう。当然，意味の異なる定数がたまたま「10」であったら，それには別の名前を与えておけばよいのです。

■定数の一括変更

それで，このプログラムで処理するデータ数を20にしたいとします。もう明らかなように，3行の

```
#define N 10
```

を

```
#define N 20
```

と書き換えて再コンパイルすればよいのです。これは，もしかすると作業ミスが出るかもしれない4か所の修正に比べれば，はるかに簡単です。

■#defineは変数ではなく「置き換え」

#defineについて注意しなければならないのは，これは変数ではなく，テキストを置き換える名前であるということです。ですから，「#define N 10」は，「Nという変数を定義している」のではなくて，「Nを10に置き換える」指示であるわけです。したがって，たとえば，6行の

```
int i, x[N];
```

は，コンパイル時に（#define N 10ならば）

```
int i, x[10];
```

に置き換わります。これがコンパイルできるのは，あるいは当然です。一方，

```
int i, n = 10;
int x[n];
```

はコンパイルできません。C 言語では，配列の要素数の指定は，定数のみからなる式でなくてはならず[*2]，正真正銘の変数である「n」で要素数を指定してはならないのです。

このように，#define による記号定数は，変数とは異なる振る舞いをします。この振る舞いの差が，プログラムの動作に影響を与えることもあります。

#define にはこれ以外の働きもありますが，この場での言及は省略します。まずは，#define によって定数に名前を付けることを身に付けてください。また，「マジックナンバー」によってわかりづらいプログラムを作ることがないよう，記号定数の活用を心がけましょう。

課題 84 **6.4.4 のプログラム 23**（138 ページ）を，データ数を NDATA，階級数を RANK，階級の刻み幅を STEP の各記号定数で表して，書き換えなさい。

課題 85 **課題 84** のプログラムにおいて，データ数を 60，階級の刻み幅を 5（階級数は 21 になる）に変更して実行させてみなさい。

*2 C 言語でも，やや高度な方法を使えば，与えられた変数の値の要素数を持つ，配列に準じたものを作ることができます。また，C の派生言語である C++・Java では，変数を含む式の要素数を持つ配列を作る機構が備わっています。

6.8 2次元配列

■添え字が2つの2次元配列，またはそれを超える次元を持つ配列を作ることができる

複数の添え字を持つ多次元配列を作ることができます。特に，2次元配列は「表」のようなデータを扱うのに役立ちます。

6.8.1　2次元配列

2次元配列は，2つの添え字を持ちます。**図6-8**のような縦横につながった箱のようなものをイメージするとよいでしょう。

2次元配列は，C言語では「配列の配列」として作られ，次のように宣言されます。

```
型名 配列名[個数1][個数2];
```

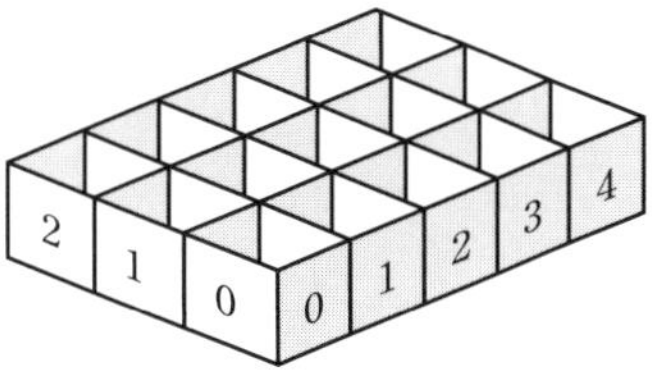

図6-8

これによって，「個数1×個数2」個の要素を持つ配列が宣言されます。1次元配列の場合と同様に，**それぞれの添え字は0から始まって個数より1小さい数まで**です。たとえば，

```
int a[3][5];
```

では，

```
a[0][0], a[0][1], a[0][2], a[0][3], a[0][4],
a[1][0], a[1][1], a[1][2], a[1][3], a[1][4],
a[2][0], a[2][1], a[2][2], a[2][3], a[2][4]
```

の3×5＝15個の要素を持つ配列変数 a[][] が宣言されます。

2次元配列も，初期化値を与えて定義することができますが，その方法はここでは省略します。

6.8.2　2次元配列の利用

1次元配列に対して一括して処理を行うのに for ループが多用されますが，2次元配列の場合は，多くの場合2重の for ループで処理を行います。たとえば，

```
int a[5][6], i, j;
```

について，a[][] の要素をすべて0にするコードは，次のように書かれます。

```
for (i = 0; i < 5; i++) {
  for (j = 0; j < 6; j++) {
    a[i][j] = 0;
  }
}
```

2次元配列は，表形式のデータを保持するのに利用できます。また，ゲームなどで盤面を表現するのにも利用されます。

6.8.3　3次元以上の配列

2次元配列と同様に，3次元以上の配列を作ることもできます。たとえば，3×4×5個の int 型の配列 a[][][] は，

```
int a[3][4][5];
```

のように宣言されます。それぞれの次元での要素番号の範囲は，この場合も0から個数より1小さい値で，上記の配列では，最も要素番号が大きくなる要素は，a[2][3][4] ということになります。

課題 86 次のようにそれぞれ定義された配列の，要素の合計の個数を答えなさい。

① int x[8][7];
② double v[10][15];
③ int a[4][3][6];

課題 87 int 型の配列 a[10][20] があるとき，int 型の変数 i, j と for ループを使って，a[i][j] に i + j を代入するプログラム片を書きなさい。

課題 88 記号定数 SIZE を 10 とし，int 型の配列 a[SIZE][SIZE] を定義する。a[][] の内容を 0 で初期化する。0 から 9 の整数値 x，y，z の組を 10 回入力し，1 回ごとに a[x][y] に z を代入する。10 回の入力が終わったら，a[][] の内容を 10×10 の表形式で出力するプログラムを書きなさい。

本章のチェックポイント

- □ 配列変数とはどのようなものか，説明できますか？
- □ 配列変数の宣言方法を理解していますか？
- □ 10個の要素数を持つ配列変数**a[]**の要素番号の範囲は，いくつからいくつまでですか？
- □ 10個の**int**型の要素を持つ配列**x[]**をつくり，そのすべての要素に0を代入するコードを書けますか？
- □ 10個の整数を配列に読み込んだ後，それらの合計と平均を求めて出力するプログラムを書けますか？
- □ 「**!(a > 0)**」を**!**演算子を使わずに書き換えるとどうなりますか？
- □ **||**演算子と**&&**演算子の役割と使い方を理解していますか？
- □ **#define**を使って定数に名前を付ける方法を理解していますか？ また，この方法でつくられる記号定数と，変数の違いを言えますか？
- □ 「**int a[5][6];**」と定義した配列**a[][]**について，そのすべての要素に0を代入するコードを書けますか？

7

C言語による アルゴリズム

7.1 線形探索アルゴリズム

- データ群の中から指定された値を探すのに，先頭からひとつひとつ探していく「線形探索」というアルゴリズムがある
- 線形探索は（重複を考えなければ），「指定された値が見つかるか，データの最後に達するまで，次のデータを調べる」という繰り返しで表現できる
- データの最後の1つ先に，「番兵」として探す値と同じ値を入れておくと，「データの最後」をチェックする必要がなくなる

ここでは，「定番アルゴリズム」の1つ，「探す」という処理を考えてみます。まずは最も単純な，**線形探索**[*1]（**リニアサーチ〈linear search〉**）です。

7.1.1 探索アルゴリズム

ここで設定するのは，「（すでに値が入っている）配列の中に，指定された値があるかどうか探す」という問題です。たとえば10個の配列に，

{ 31, 41, 59, 26, 53, 58, 97, 93, 23, 84 }

という値が格納されているとします。その中から指定された値があるかどうかを調べる問題です。

7.1.2 線形探索アルゴリズム

線形探索は，配列の先頭から順に，指定された値があるかどうか調べていく探索アルゴリズムです。これは，「要素番号を増やしながら，指定された値と同じ値が見つかるか，配列の末尾に達するまで繰り返し」ということになります。対象とする配列が `a[]`，要素数が記号定数 `N`，見つけるべき値が変数 `x` に格納されているものとすると，

```
for (i = 0; i < N && a[i] != x; i++)
  ;
```

*1 **線型探索**（「形」と「型」の違い）と書かれることもあります。

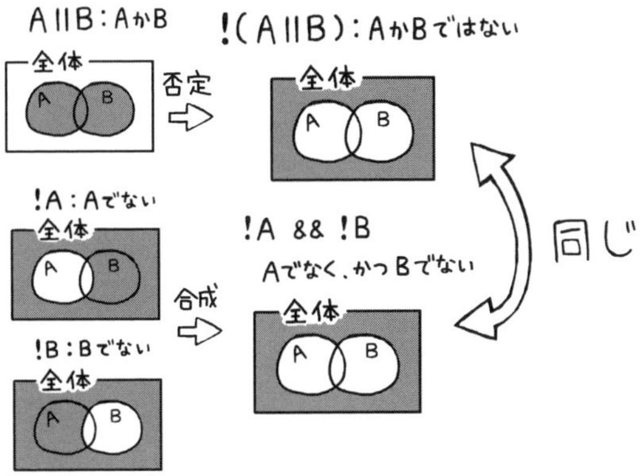

と書けばよいでしょう。ここで，forループの継続条件は，「配列の末尾に達するか，**または**，指定された値が見つかる**まで**」ですから，「配列の末尾に達しておらず，**しかも**，指定された値が見つからない**間**」です[*2]。もう1つ，このループには，繰り返すべき処理がありません。そのような場合，「繰り返す処理」の部分にセミコロン「;」を書きます[*3]（**空文**）。

さて，このループが終了したとき，指定した値が見つかったかどうかはどう確かめるのでしょうか。指定した値が見つかったら（「a[i] != x」が偽になったら）その時点でループは終了します[*4]。ですから，ループが終了したときのiの値が，xが見つかったa[]の要素番号になります。一方，a[]の中にxが見つからなかったら，配列の末尾まで達して，「i < N」が偽になってループが終了します。iが1ずつ増えていって，初めて「i < N」が成り立たなくなるのはiがNのときです。ですから，iがNでループが終了していたら，a[]の中にxは見つからなかったということになります。まとめると，

- iが0～N－1でループが終了したら，a[i]にxが見つかった
- iがNでループが終了したら，a[]にxは見つからなかった

です。以上から，線形探索のプログラムは，次のようにできあがります。

---

*2　ド・モルガンの法則（「!(A || B)」と「!A && !B」は同じ）を利用しています。継続条件は，ド・モルガンの法則を適用する前の「!(i >= N || a[i] == x)」でもかまいません。

*3　この「;」を，「for (i = 0; i < N && a[i] != x; i++);」と同じ行の末尾に書いても問題は生じませんが，この場合「繰り返すべき処理があるのに誤って『;』を付けてしまった」ように見えます。ですから，ことさら次の行に送って「繰り返す処理がない」ことを強調しています。さらに，これが意図的であることを，コメントで示す場合もあります。

*4　&&演算子のショートサーキット（**6.6.3**〈146ページ参照〉）により，「i < N」が偽になったら「i < N && a[i] != x」全体がその時点で偽に確定するので，「a[i] != x」は評価されません（存在しないa[N]を参照することはありません）。

プログラム27　**線形探索**

```
#include <stdio.h>

#define N 10

main() {
  int a[N] = { 31, 41, 59, 26, 53, 58, 97, 93, 23, 84 };
  int i, x;

  /* 探索する値を入力 */
  printf("探索する値：");
  scanf("%d", &x);
  /* 線形探索 */
  for (i = 0; i < N && a[i] != x; i++)
    ;
  /* 探索結果の出力 */
  if (i == N) {
    printf("値 %d は見つかりませんでした。¥n", x);
  } else {
    printf("値 %d は位置 %d に見つかりました。¥n", x, i);
  }
}
```

7.1.3 番兵付き線形探索

さて，線形探索には，少々の工夫の余地があります。**7.1.2** の**プログラム 27** では，ループの継続条件は，

```
i < N && a[i] != x
```

と，2つの条件を結んだものでした。ところが，次に述べるように設定すれば，ループの継続条件は，

```
a[i] != x
```

だけになってしまいます。

10 個のデータを格納する配列変数の要素数は，先ほどはデータ数と同じ，10 個でした。これを，1 個多く，11 個とします。11 個め（a[10]）は，最初は使用しません。それで，探す値を指定したら，a[10] に，その数を代入します。たとえば，「58」を探すとすると，**図 7-1** のようになります。

さて，この図を見る限り，a[5] にある 58 が探し出され，配列の末尾に代入された 58 については探索の処理に影響はありません。

しかし，探す値が対象の配列にない場合，たとえば「62」を探すとすると，この「配列の末尾に探すべき値を代入しておく」意味が出てきます。この場合の動作は，**図 7-2** のようになります。

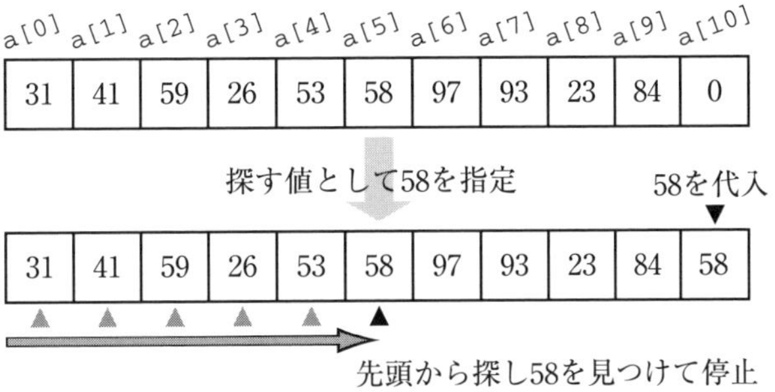

図 7-1

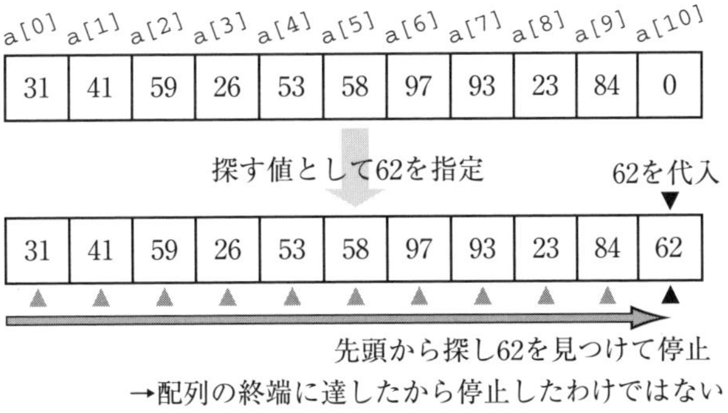

図 7-2

このとき，a[10] の 62 が探し出されて停止します。これは，配列の末尾に達したからではなく，「探すべき『62』が見つかったから」停止しているのです。ですから，この方法の場合，探すべき値がもとの配列にあろうがなかろうが，「探すべき値が見つからない間」の条件だけで繰り返せばよいのです。

なお，この場合でも，停止したときの配列の要素番号を調べれば，見つかったのか（0～N-1 のとき）見つからなかったのか（N のとき）がわかります。このように，データの長さの代わりに使われる，データの終端を表す特別な値のことを**番兵**《ばんぺい》といいます。線形探索で番兵を使うことで，配列の要素数を 1 個増やすのと引き換えに，処理を簡潔に書くことができます。

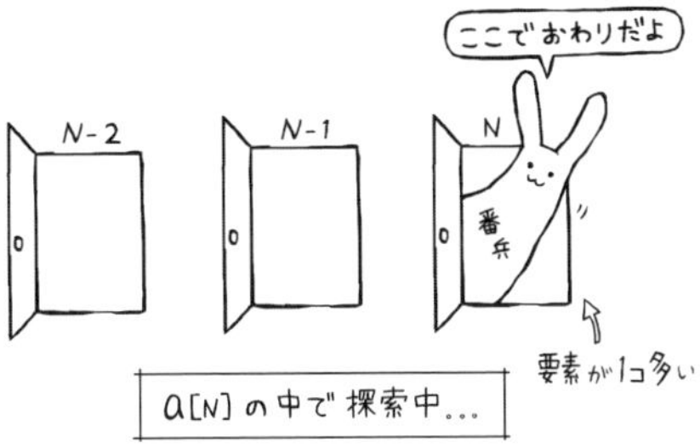

プログラム28　番兵付き線形探索

```
#include <stdio.h>

#define N 10

main() {
  int a[N + 1] = { 31, 41, 59, 26, 53, 58, 97, 93, 23, 84 };
  int i, x;

  /* 探索する値を入力 */
  printf("探索する値：");
  scanf("%d", &x);
  a[N] = x; /* 番兵を仕込む */
  /* 線形探索 */
  for (i = 0; a[i] != x; i++)
    ;
  /* 探索結果の出力 */
  if (i == N) {
    printf("値%d は見つかりませんでした。¥n", x);
  } else {
    printf("値%d は位置%d に見つかりました。¥n", x, i);
  }
}
```

課題 89　本節のプログラムを参考に，｛31, 41, 59, 26, 53, 58, 97, 93, 23, 84｝が格納された配列 a[] に対して，入力された値より大きい値を持つ最も若い番号を持つものの要素番号を出力するプログラムを書きなさい。また，作成したプログラムについて，適切な番兵を用いて繰り返し中で配列の終端をチェックしないように書き換えなさい。

7.2 二分探索アルゴリズム

- 探索において，データ列がすでに整列済みの場合，範囲を半分半分に絞り込みながら探す「二分探索」という方法が使用できる
- 二分探索は，「探すべき値が，探索対象の（ほぼ）中央の値に比べて大きい・小さい・等しい」を判断して繰り返すか，繰り返しを終了する
- 線形探索は，繰り返しの回数が探索対象の数にほぼ比例するが，二分探索は探索対象の数が2倍になっても，繰り返しの回数は1回程度しか増えない

二分探索（バイナリサーチ〈binary search〉）は，探索対象がすでに整列済みである場合に使用できる探索アルゴリズムです。これは，「整列済み」であることが条件になりますが，線形探索より効率のよい方法です。

7.2.1 二分探索アルゴリズム

二分探索では，対象とするデータは整列されていなければなりません。ですから，用意するデータは，小さい順に並べられた

{ 23, 26, 31, 41, 53, 58, 59, 84, 93, 97 }

であるとし，これをa[]とします。ここから，「58」を見つけます。**図7-3**を見ながら考えましょう。

このデータは10個の要素を持つ配列ですから，先頭は0番，末尾は9番です。この（ほぼ）真ん中の要素 (0 + 9) / 2の4番目を調べます[*1]。すると，a[4]の値は53です。この値は，探すべき58より小さいことがわかります。ここで，探索対象は整列済みです

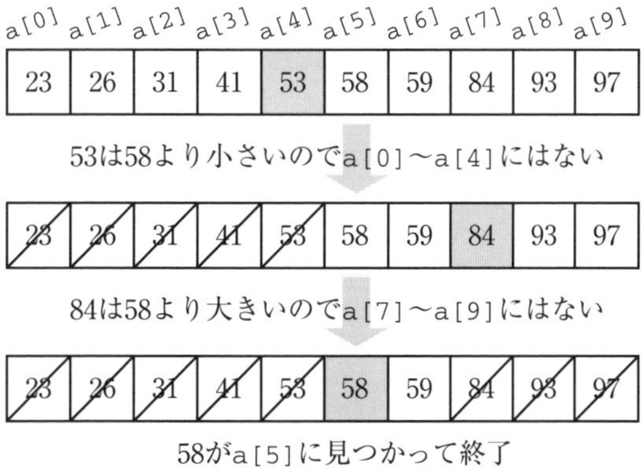

図7-3

*1　整数を整数で割っていますから，小数点以下が捨てられます。

から，少なくとも a[0]〜a[4] は 58 より小さく，58 は見つかりえません。ですから，58 があるとすれば a[5]〜a[9] ということになります。

次に，(5 + 9) / 2 の 7 番目を調べます。a[7] は 84 で，58 より大きいことがわかります。ですから，a[7]〜a[9] に 58 があることはなく，あるとすれば a[5]〜a[6] ということがわかります。

そして (5 + 6) / 2 の a[5] を調べると，その値は 58 です。これで 58 が見つかりました。

では，探索対象にない「62」を探すとどうなるでしょうか。

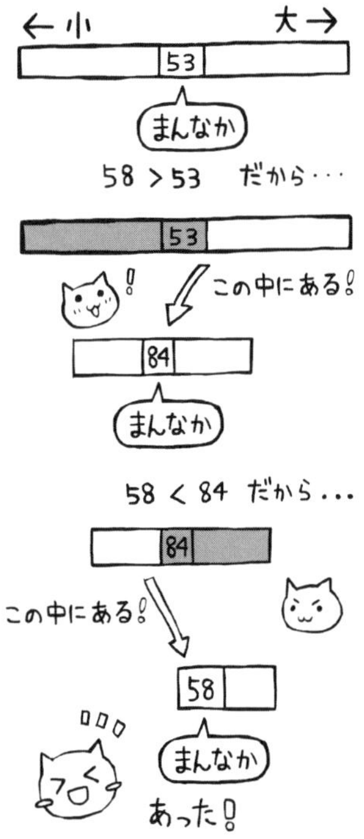

① a[0]〜a[9]：(0 + 9) / 2 の a[4] は 53 で，62 より小さい（a[0]〜a[4] にはない）
② a[5]〜a[9]：(5 + 9) / 2 の a[7] は 84 で，62 より大きい（a[7]〜a[9] にはない）
③ a[5]〜a[6]：(5 + 6) / 2 の a[5] は 58 で，62 より小さい（a[5] にはない）
④ a[6]〜a[6]：(6 + 6) / 2 の a[6] は 59 で，62 より小さい
⑤以上より，62 は見つからない

となります。作業としては，

- 注目した要素が，探したい値より小さければ，その要素より要素番号が 1 大きい要素から先が新しい範囲となる
- 注目した要素が，探したい値より大きければ，その要素より要素番号が 1 小さい要素までが新しい範囲となる

として範囲を狭めています。これにのっとって処理していった結果，「範囲がただ 1 つになったとき，それでも一致しなければ指定した値は配列内にない」ことがわかります。

7.2.2 二分探索のコーディング

7.2.1 の二分探索の手順を見てみると，

- 探索範囲の始点と終点
- 現在注目している要素番号

が変数として必要であることがわかります。これをそれぞれ，s，e，および m としましょう。

そして，繰り返しながら範囲を絞っていきます。繰り返しは，「同じ値が見つかるか，**または**，終点と始点の位置が等しくなる**まで**」継続です。言い換えると，繰り返しの継続は，「同じ値が見つからず，**かつ**，始点の位置が終点の位置より前の**間**」になります[*2]。

繰り返しが終了したとき，現在注目している要素を調べ，指定した値と一致したら「見つかった」，さもなければ「見つからない」ということです。

以上を踏まえて，C 言語のプログラムとして表すと，以下のようになります。

プログラム 29　二分探索

```
#include <stdio.h>

#define N 10

main() {
  int a[N] = { 23, 26, 31, 41, 53, 58, 59, 84, 93, 94 };
  int s, e, m, x;

  /* 探索する値を入力 */
  printf("探索する値：");
  scanf("%d", &x);
  /* 二分探索 */
  s = 0; e = N - 1; m = (s + e) / 2;
  while (s < e && a[m] != x) {
    if (a[m] < x) {
      s = m + 1;
    } else {
      e = m - 1;
    }
    m = (s + e) / 2;
  }
```

*2　ここでもド・モルガンの法則で条件を言い換えていることに注意してください。

```c
  /* 探索結果の出力 */
  if (a[m] == x) {
    printf("値%dは位置%dに見つかりました。¥n", x, m);
  } else {
    printf("値%dは見つかりませんでした。¥n", x);
  }
}
```

7.2.3 探索アルゴリズムの比較

ここで,「**7.1** 線形探索アルゴリズム」(158ページ)の線形探索と,本節の二分探索を比較してみます。

アルゴリズムの中身は,それぞれの節で述べています。いずれも,値があれば見つけられますし,値が見つからなければそのことがわかります。問題は,条件と,手間です。

■アルゴリズムの適用条件

二分探索は,探索対象のデータがすでに整列済みでないと適用できません。というのは,値の大小関係(順序関係)を使って,探すべき値がある範囲を絞っているからです。

一方,線形探索では,探索対象は整列済みでなくてもかまいません。「見つける」処理にあたって利用しているのは,探すべき値と等しいかどうかという一点のみだからです。

これより,適用させるための条件は,二分探索のほうが厳しい,ということができます。

■アルゴリズムの手間

では,かかる手間はどうでしょうか。探索対象のデータが2倍になったとして考えてみましょう。

線形探索では,探索対象が2倍になれば,手間も2倍程度になるでしょう。これは直感的に理解できます。

では,二分探索ではどうでしょうか。二分探索では,探索対象が2倍になっても,手間は1回分程度しか増えません。というのは,二分探索では,1回の処理で,探索範囲が半分程度に狭まるからです。

この違いは,探索対象が大きくなると顕著になってきます。たとえば,1,000倍になったとすると,線形探索では手間は1,000倍程度になりますが,二分探索では10回分程度増えるだけです。

プログラムを比べると,1回の処理について,二分探索のほうが少し手間がかかっているように見えます。しかしデータ数が多くなると，この1回あたりの手間をしのぐ効率が得られます。

このように，同じ「探す」という目的のアルゴリズムでも，データ数に対しての手間の増え方が異なるものがあります。探索については，「探索対象がすでに整列済み」である場合に，二分探索は線形探索よりはるかに効率的なアルゴリズムとして使用できることになります。

同じ目的のアルゴリズムでも，効率が異なるものがあり，さらに効率がほぼ同じものでも，実行した結果の細部や特徴が異なるものがあります。私たちは，さまざまな解決方法が知られている問題については，個々の問題ごとに，どの解決方法を使うのが最も適切かを考える必要があるでしょう。

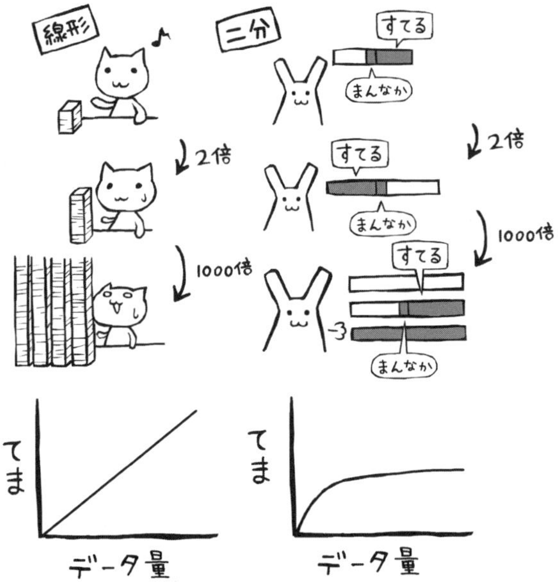

課題 90　**7.2.1** で述べている手順にのっとって，「41」を探してみなさい。また，「62」が見つからないことを確認しなさい。

課題 91　探索対象として，小さい順に整列済みの16個の要素を持つ整数の配列を用意し，その中に含まれる値をそれぞれ1回ずつ探すことを考える。線形探索および二分探索それぞれについて，値を見つけるまでの繰り返しの回数の平均値を，手作業またはプログラムによって求めなさい。

7.3 整列アルゴリズム：選択ソート

- 整列（ソート）アルゴリズムは，いくつも知られている
- 小さいものから順に取り出して「別の場所に収める」という発想で行うのが選択ソート

ここで扱う定番アルゴリズムは，**並び替え（整列，ソート〈sort〉）**です。たとえばカードが配られたとき，人間も並び替えを行いますが，はたしてこれをコンピュータに行わせるときに，どのようにアルゴリズムとして表せばよいかが鍵《かぎ》になってきます。

7.3.1 整列アルゴリズム

ここでの整列とは，データの集合を，特定の順序に従って並べ替えることです。簡単には，小さい順（**昇順《しょうじゅん》**），大きい順（**降順《こうじゅん》**）に並べ替える，ということです。そのほかの順序で並べ替えることもあるでしょう。

ここでは，10 個の要素からなる整数の配列

$$\{31, 41, 59, 26, 53, 58, 97, 93, 23, 84\}$$

を，小さい順（昇順）に並べ替えることを考えます。

7.3.2 私たちはどのように整列を行っているのか

コンピュータに整列を行わせる前に，私たち人間が，整列をどのように行っているのか考えてみます。この手順をあいまいさなく記述できれば，それは整列アルゴリズムになるはずです。

まず，先ほどの配列を，その数が書かれたカードの集合と考えます。それを手札として昇順に並べ替えることを考えます。

ところで，ずぼらな人は部屋掃除を，まず，部屋の中のものを隣の部屋に移して，必要なものをもとの部屋に戻していくという何とも不経済な方法で行うとか言われますが，そんな感じに鷹揚《おうよう》に考えて，（手札の中で整列させるのではなく）手札を場に並べていくという状況で考えていきます。

10 枚の手札を並べ替える手順として次のようなものが考えられるでしょう。

- 10 枚の手札から，最も小さい数が書かれたカードを場に出す
- 残りの 9 枚の手札から，最も小さい数が書かれたカードを，先ほど場に出したカードの隣に出す
- 残りの 8 枚の手札から，最も小さい数が書かれたカードを，先ほど場に出したカードの隣に出す
- ……
- 残った 1 枚を，最大の数のカードとして場に出す

以上の手順で，次の**図 7-4** のようにカードが小さい順に整列されます。図中，グレーで示されているのが，手札中で最小の値を持つカードです。

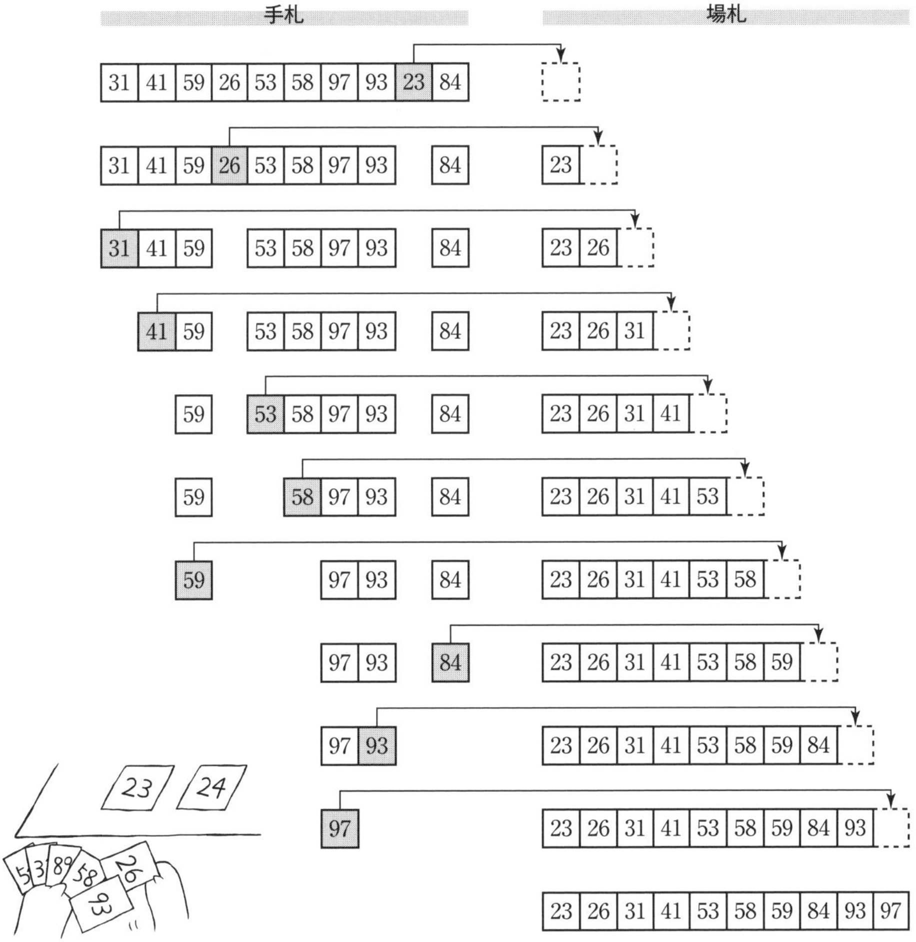

図 7-4

これも立派に，10 枚のカードを昇順に並べるアルゴリズムです。しかし，私たちは，カードを場に出さずに，手札の中だけで整列させることもできます。それならば，場は要らず，経済的に整列を行うことができるはずです。

7.3.3 選択ソートのアルゴリズム

では，整列を，手札の中だけで行うにはどうしたらよいのでしょうか。先ほどの手順において，「場札」があることは，すなわち，「場札には整列済みのカードが並ぶ」ことを意味しています。ですから，手札の中だけで整列させるには，未整列の部分と整列済みの部分とを分けられればよいのです。そのために，手札の並びに「見えない仕切り」を考えて，未整列の部分と整列済みの部分を分けながら整列させることを考えます。

手札と配列 a[ ] を対応させながら，**図 7-5** で考えましょう。最初は整列済みのカードは 1 枚もありません。a[0]～a[9] の最も小さな値を持つ a[8] の「23」を，a[0] と入れ替えます。この「最も小さな値を持つカードを入れ替える」操作は，先ほどの「カードを場に出す」ことに対応します。ですから，この，「場に出された」「23」は，整列済みのカードとなります（図中グレーで示しています）。次に，未整列の a[1]～a[9] の最小値「26」を見《み》出《いだ》し，a[1] と入れ替えます。これで，a[1] までが整列済みになります。同様に a[2]～a[9]，a[3]～a[9]，……，と，未整列部分の最小値をその部分の先頭と入れ替え（すでに先頭に最小値がある場合はそのまま），整列済み部分を 1 枚ずつ増やしていきます。末尾から 2 枚目が整列済みになると，残った 1 枚も整列されたことになりますから，これで整列完了です。

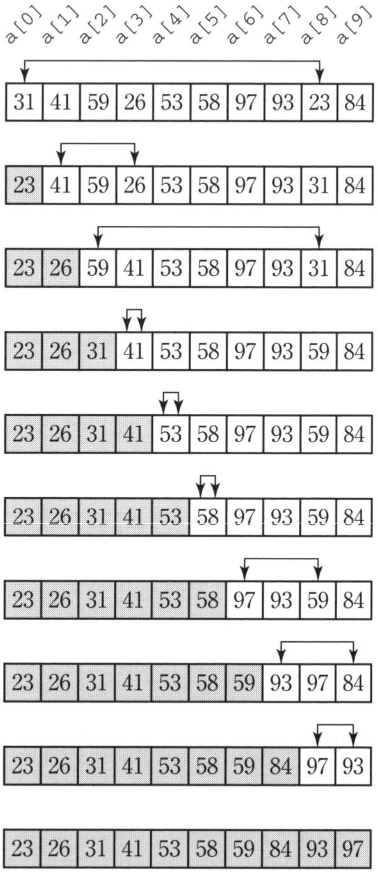

図 7-5

このアルゴリズムでは，手札だけで整列ができています。これは，

①未整列部分から最小値を選び，その未整列部分の先頭と入れ替える

②移された最小値までを新たに「整列済み」として，残りの未整列部分について整列を実行する

という手順です。この，「選び出して入れ替える」ことによって行う整列アルゴリズムを，**選択ソート**（**単純選択法**，**セレクションソート〈selection sort〉**）といいます。

7.3.4　選択ソートの流れ図

では，選択ソートを流れ図として表してみましょう。

昇順に並べる選択ソートアルゴリズムを，少しC言語でプログラムしやすいように言い換えると，

　要素数Nのa[]について，0番目からN - 2番目について（最後の1枚は自動的に整列済みになるのでN - 1番目は処理不要）[*1]，未整列部分の最小値を，未整列部分の先頭と入れ替える

となります。ですから，未整列の部分の先頭をi番目とすると，iは0からN - 2までの繰り返しとなります。そしてそれぞれのiについて未整列部分の最小値を探し，a[i]と交換します。ここまでで流れ図は**図7-6**のようになりました。

そして，「未整列部分」とは何を指すのか，考えます。これは，a[i]〜a[N - 1]のことです。ですから，「未整列部分の最小値を探す」ことは，「a[i]〜a[N - 1]の最小値を探す」ことになります。最小値がa[k]に見つかったとすれば，そのたびにa[i]の値とa[k]の値を交換することになります。

これを反映させて流れ図を書き直すと**図7-7**のようになります。

ここまで来れば，「（配列のある範囲の）最小値を探す」，「2つの変数の値を交換する」には，お決まりの方法があります。ですから，トップダウン式に考えていって，流れ図がここまで書ければ，コーディングすることができるでしょう。

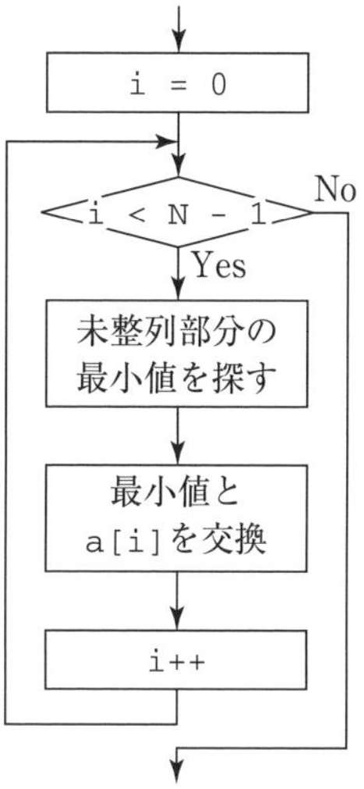

図7-6

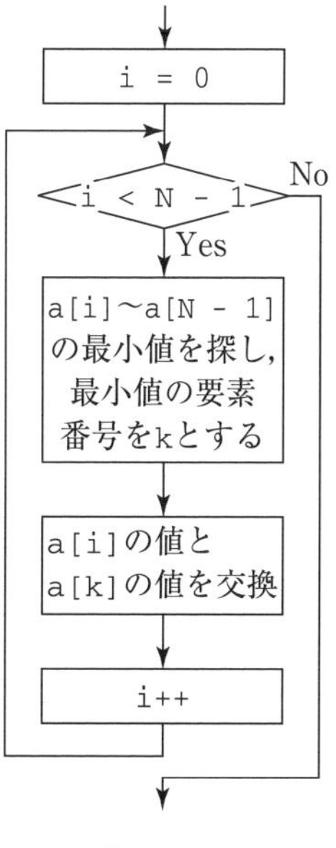

図7-7

*1 「C言語の配列は0番から始まって個数より1個少ない要素番号まで」に注意してください。

7.3.5 選択ソートのプログラム

以上を踏まえて，10 個の要素を持つ a[] を，選択ソートで昇順に並べ替えるプログラムを作成します。

プログラムでは，整列前と整列完了時に，配列の内容を出力させるようにしましょう。ですから，このプログラムの出力は，

```
整列前：31 41 59 26 53 58 97 93 23 84
整列後：23 26 31 41 53 58 59 84 93 97
```

のようになることが期待されます。

プログラム30 **選択ソート**

```
#include <stdio.h>

#define N 10

main() {
  int a[N] = { 31, 41, 59, 26, 53, 58, 97, 93, 23, 84 };
  int i, j, k, t;

  /* 整列前の a[] の内容を出力 */
  printf("整列前：");
  [   あ   ]
  /* 選択ソート */
  for (i = 0; i < N - 1; i++) {
    /* a[i]~a[N - 1] の最小値がある要素番号を見出す */
    k = i; /* まず要素番号 i を仮の最小とする */
    [   い   ]
    /* a[i] と a[k] を交換 */
    [   う   ]
  }
  /* 整列済みの a[] の内容を出力 */
  printf("整列後：");
```

```
22:        [ え ]
23: }
```

課題 92 **7.3.5 のプログラム 30** の空所 [あ] ～ [え] を埋めて，プログラムを完成させなさい。いずれも単一の処理とは限らない。[あ]，[え] については，先に掲げた出力例と合うように定めなさい。なお，それぞれの空所について，自由に使用できる（勝手に使用してもよい）変数は以下のとおりである。

- [あ]：i，j，k，t
- [い]：j，t
- [う]：j，t
- [え]：i，j，k，t

課題 93 **7.3.5 のプログラム 30** の 18 行と 19 行の間に，a[] を出力させる処理を加えて，整列が行われている様子を確認しなさい。

課題 94 **課題 92** によって完成させたプログラムを書き換えて，昇順（小さい順）ではなく，降順（大きい順）に並べ替えるようにしなさい。

課題 95 **課題 92** によって完成させたプログラムについて，比較・交換がそれぞれ何回行われているか，手作業またはプログラムを書き換えて確認しなさい。配列の要素数が 2 倍，3 倍，すなわち 20 個，30 個になった場合についても考えてみなさい。このことより，選択ソートはデータ数が 2 倍，3 倍になったとき，比較・交換の回数はそれぞれおよそ何倍になるか，考えなさい。

7.4 整列アルゴリズム：挿入ソート

■ **未整列のカードを，順に「整列済み」のカードの適切な位置に挿入して並べていくのが挿入ソート**

ここでは，別の整列アルゴリズムである，**挿入ソート（単純挿入法，インサーションソート〈insertion sort〉）**を扱います。

7.4.1 人間による「挿入ソート」

挿入ソートに相当する並び替え手順を，おそらく私たちはしたことがあるはずです。**7.3** で扱った選択ソートの場合と同じく，

{ 31, 41, 59, 26, 53, 58, 97, 93, 23, 84 }

（これを配列 a[ ] とします）について考えてみましょう。昇順（小さい順）に並び替えるものとします。

上記の数が書かれたカードを，山札としましょう。山札から 1 枚ずつ，順にカードを引きます。引いたカードは手札に追加します。このとき，昇順に並ぶように，手札の並びの中に差し込むのです。これが，次ページの**図 7-8** のように表されることを確認してください。

7.4.2 挿入ソートのアルゴリズム

コンピュータアルゴリズムで挿入ソートを記述するとき，手札・山札の区別はせず，1 つの配列内で処理します（選択ソートの場合と同様です）。ただし，配列内は「手札に相当する部分」「山札に相当する部分」に分かれています。ここで，「手札に相当する部分」は昇順に並んでいることが保証されていることに注意してください。**図 7-8** において，「手札」の部分と「山札」の部分をつなげて 1 つの配列とする，と考えればよいでしょう。

さて，このアルゴリズムを大ざっぱに考えてみると，

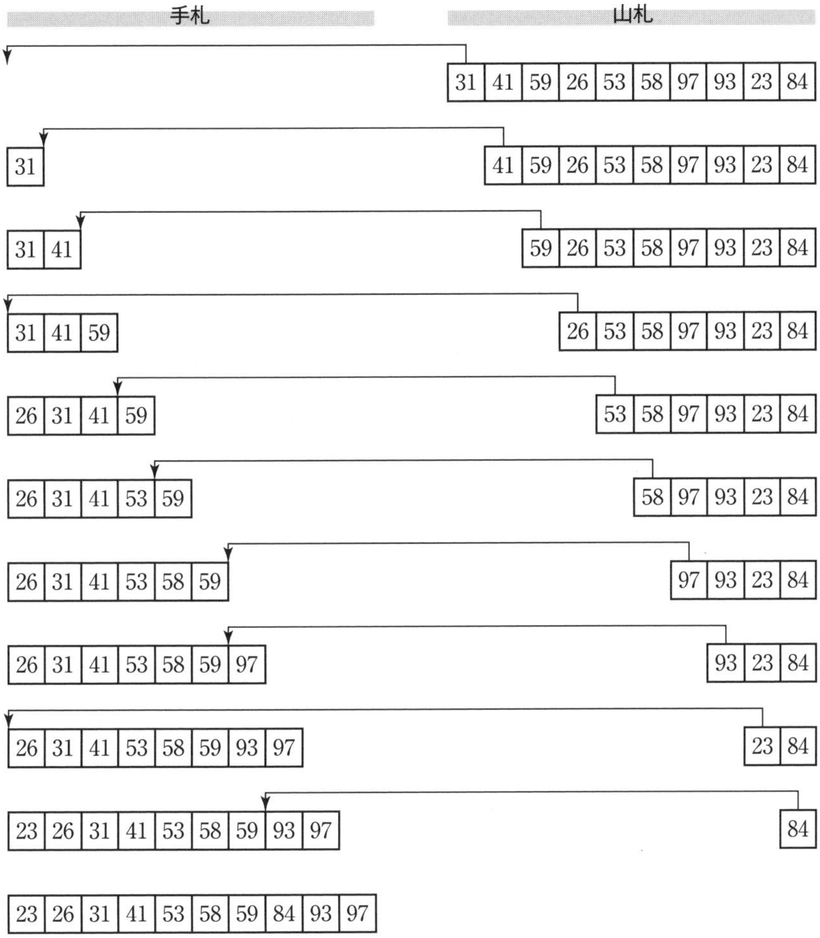

図 7-8

- `a[1]` を，手札（`a[0]`）の適切な位置に差し込む（手札は `a[0]`～`a[1]` になる）
- `a[2]` を，手札（`a[0]`～`a[1]`）の適切な位置に差し込む（手札は `a[0]`～`a[2]` になる）
- ……
- `a[9]` を，手札（`a[0]`～`a[8]`）の適切な位置に差し込み，整列が完了する

となるはずです（`a[0]` は無条件で「手札」に加えてよいのですから，整列処理は `a[1]` からスタートすることになります）。ですから，配列の要素数を `N` とすると，

```
for (i = 1; i < N; i++) {
  a[i] を a[0]～a[i - 1] の適切な位置に差し込む
}
```

というコードになるでしょう。

それで，問題になるのが「適切な位置に差し込む」という部分です。「適切な位置」はどうやって見つけるのか，「挿入」はどうやるのか，この２点です。

■「適切な位置」を見つける

さて，「適切な位置」の見つけ方です。ここで，「手札は昇順に並んでいる」点を利用します。

これは，手札を後ろから順に見ていけばよいのです。それで，引いてきた札より小さい値が最初に現れた次の（要素番号が１大きい）位置が，引いてきた札を差し込む位置です。すなわち，「引いてきた札」が a[i] であるとすると，

```
for (j = i - 1; j >= 0 && a[j] > a[i]; j--)
  ;
```

とすれば，このループが停止したとき，a[j + 1] が，a[i] の値を差し込むべき位置になります。ここで，a[0]～a[i - 1] がすべて a[i] より大きい値の場合（このとき，引いてきた札の挿入位置は「先頭」です），配列の先頭を超えて値を参照してしまいます。ですから，「j >= 0」の条件を加え，j が −1 になったらループが停止するようにしています[*1]。

■挿入する

次に，挿入箇所がわかったところで，どう挿入するか，です。配列の，挿入箇所以降の要素の内容は，１つずつ後ろにずれることを確認してください。

この手順は，**図 7-9** のように組み立てられます。**図 7-8** で，最後の「84」を挿入する場面です。

*1　&& 演算子のショートサーキットで j が -1 のとき a[j] を参照させないようにしている点に注意してください。

- 84を一時的な変数に保管します(この操作がないと，後の操作でこの「84」を消してしまうことになります)。
- 84とa[8]（97）を比較します。97 ＞ 84なので挿入箇所ではありません。このとき，97を1つ後ろの要素a[9]にコピーします。
- 84とa[7]（93）を比較します。83 ＞ 84なので挿入箇所ではありません。このとき，93を1つ後ろの要素a[8]にコピーします。
- 84とa[6]（59）を比較します。59 ≦ 84なので，この1つ後ろ，a[7]が挿入箇所です。ですから，a[7]に84をコピーします。

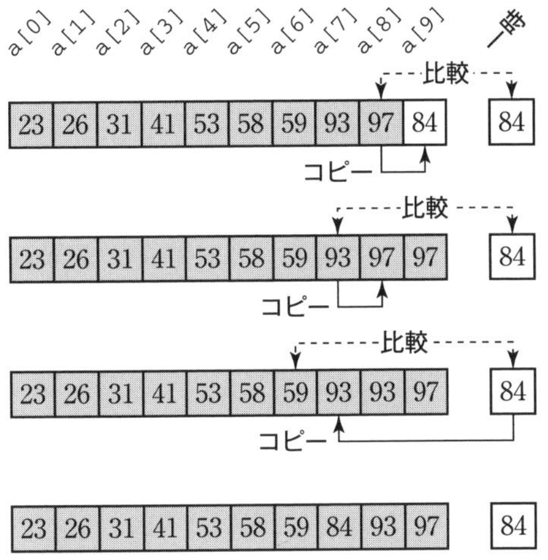

図7-9

つまり，「比較して挿入箇所でないとわかった」ら，比較対象の要素の値を1つ後ろの要素にコピーするのです。これが「挿入箇所以降の要素の内容を1つずつ後ろにずらす」操作に対応します。

以上から，以下のプログラム片が，挿入ソートの核心部分となります。

```
for (i = 1; i < N; i++) {
  t = a[i]; /* 一時的な変数に保管 */
  for (j = i - 1; j >= 0 && a[j] > t; j--) {
    a[j + 1] = a[j]; /* 1つ後ろにコピー（ずらす）*/
  }
  a[j + 1] = t; /* 挿入箇所にもとのa[i]を挿入 */
}
```

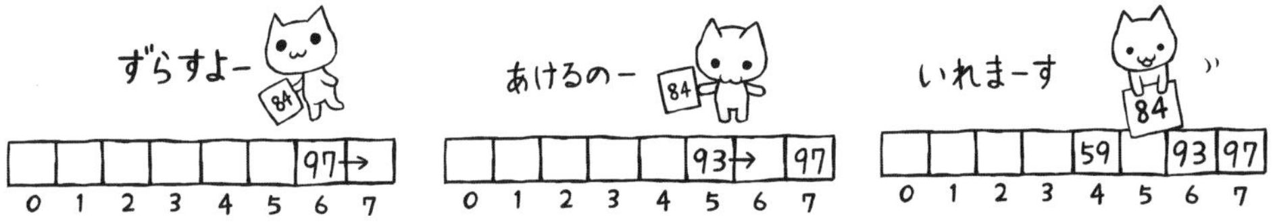

7.4.3 挿入ソートのプログラム

挿入ソートのプログラムを，**7.3.5**（172ページ）の選択ソートのプログラムにならって示しておきます。

プログラム31　挿入ソートのプログラム

```
 1: #include <stdio.h>
 2:
 3: #define N 10
 4:
 5: main() {
 6:   int a[N] = { 31, 41, 59, 26, 53, 58, 97, 93, 23, 84 };
 7:   int i, j, t;
 8:
 9:   /* 整列前の a[] の内容を出力 */
10:   printf("整列前：");
11:   [ あ ]
12:   /* 挿入ソート */
13:   for (i = 1; i < N; i++) {
14:     t = a[i];
15:     for (j = i - 1; j >= 0 && a[j] > t; j--) {
16:       a[j + 1] = a[j];
17:     }
18:     a[j + 1] = t;
19:   }
20:   /* 整列後の a[] の内容を出力 */
21:   printf("整列後：");
22:   [ い ]
23: }
```

課題96　**7.4.3**のプログラムの空所を補充して，完成させなさい。

課題97　**7.4.3**のプログラムの18行と19行の間にa[]の内容を出力する記述を追加し，整列の様子を出力させてみなさい。

課題 98 **7.4.3** のプログラムを，降順（大きい順）に整列するように書き直しなさい。

課題 99 **7.4.3** のプログラムにおいて，配列の要素数を 1 多く `N + 1` 個用意し，`a[1]`〜`a[N]` を整列するものとする。このとき，`a[0]` を番兵とすることで 15 行から「`j >= 0`」の条件を除くことができる。この方針に従ってプログラムを書き換えなさい。

7.5 整列アルゴリズム：バブルソート

■「隣と比べて並べたい順序と違っていたら入れ替える」を繰り返すのがバブルソート

選択ソート，挿入ソートに加えて，もう１つ整列アルゴリズムを説明します。別名**単純交換法**とも呼ばれる，**バブルソート（bubble sort）**です。

7.5.1 バブルソートのアルゴリズム

ここでも，

{ 31, 41, 59, 26, 53, 58, 97, 93, 23, 84 }

のような値を持つ a[ ] を昇順に並べる場合で考えてみましょう。

バブルソートと同じ手順で人間が並び替えをすることは，まずないでしょう。ですからここでは，アルゴリズムの発想とその動きを，１から説明していくことにします。

さて，前記の配列は，一見すれば整列されていないことがわかります。では，「整列されていない」のはどんな点からわかるでしょうか。昇順に整列されているならば，後ろの要素は前の要素以上の値を持っていなければなりません。前記の配列では，「59･26」「97･93」「93･23」といった箇所が，そうなっていません。ですから，こういった「順序が逆」である箇所を直しまくれば，ついには整列されると考えるのです。実際，そうやって整列できることが知られています。

バブルソートの発想の最大のポイントは，「隣と比べて並べたい順序と違っていたら入れ替えること」です。

■ バブルソートの手順(1)

バブルソートの手順を見ていきましょう。

- a[0]（31）とa[1]（41）を比較します。昇順なので交換しません。
- a[1]（41）とa[2]（59）を比較します。昇順なので交換しません。
- a[2]（59）とa[3]（26）を比較します。**降順なので交換します。**
- a[3]（59）とa[4]（53）を比較します。**降順なので交換します。**
- ……

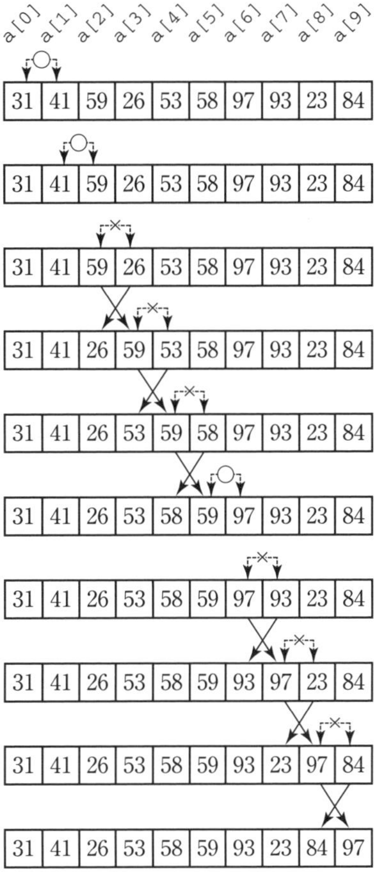

図 7-10

これがバブルソートの「1セット」です。図で示したものが**図 7-10**です。隣と比較して昇順のとき（○で示しています）は交換せず，降順のとき（×で示しています）は交換します。しかしこれだけでは，整列されていません。何セットか繰り返して，順序が逆になっている部分をどんどん直していけば，ついには整列されるのです。

この部分だけを，配列の要素数をNとしてC言語のコードとして記述すると，

```
for (j = 0; j < N - 1; j++) {
  if (a[j] > a[j + 1]) {
    a[j]とa[j + 1]の値を交換
  }
}
```

となります。

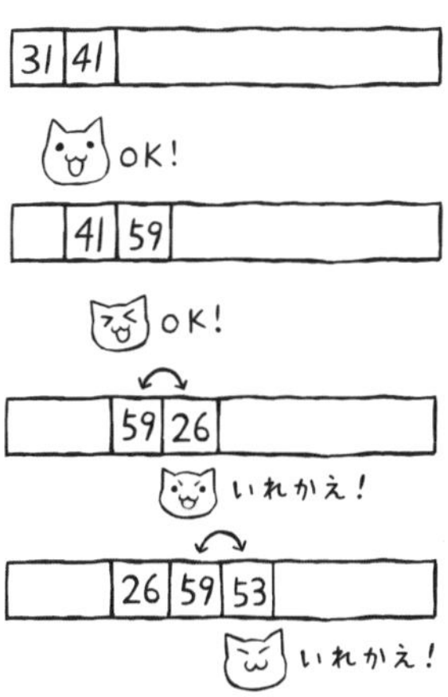

■ バブルソートの手順(2)

一方で注目すべきなのは，a[0]〜a[9] の最大値「97」が，1セット終了後に a[9] に移動していることです。最大値「97」が a[] のどこにあっても，1セット終了後に確実に a[9] に移動します[*1]。ということは，次のセットは a[0]〜a[9] について行う必要はなくて，a[0]〜a[8] について行えばよいということになります。同様に考えていけば，

- 0 セットめは，a[0]〜a[9] について行う；a[9] にその最大値が現れる
- 1 セットめは，a[0]〜a[8] について行う；a[8] にその最大値が現れる
- ……
- 8 セットめは，a[0]〜a[1] について行う；a[1] にその最大値が現れ，整列完了

となり，繰り返すセット数はデータ数より1少ない回数です[*2]。それで，i セットめの整列対象は，a[0]〜a[N - 1 - i] であることがわかります。

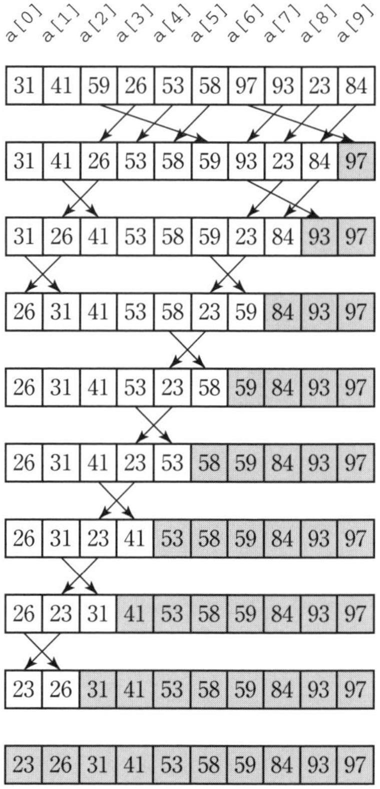

図 7-11

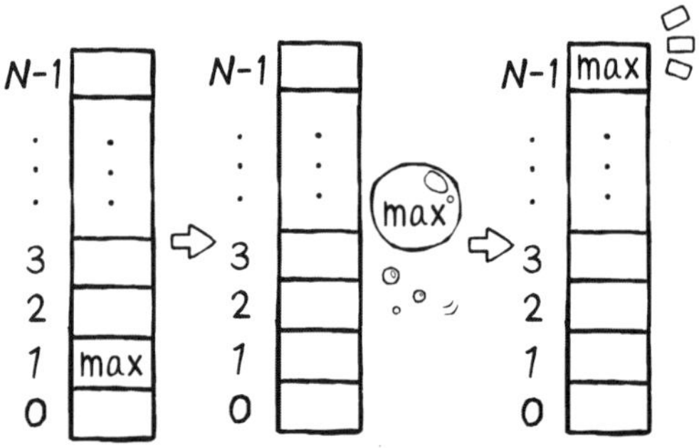

---

*1 「バブルソート」の名は，整列対象範囲の最大値（または最小値）が，範囲の端に泡が浮き上がるように現れることから付けられたものです。

*2 コーディングしやすいように，セット数を0から数えています。

1セットごとのa[]の値の様子を，**図7-11**に示します。グレーで示した部分が，それぞれのセットの終了時に最大値が現れ，確定する要素です。

以上を考え合わせると，バブルソートの核心部分は，次のようにコーディングできます。

```
for (i = 0; i < N - 1; i++) {
  for (j = 0; j < N - 1 - i; j++) {
    if (a[j] > a[j + 1]) {
      a[j]とa[j + 1]の値を交換
    }
  }
}
```

7.5.2　バブルソートのプログラム

前項のコード片を組み込んだプログラムを，前節までと同様に示しておきましょう。

プログラム32　バブルソートのプログラム

```
#include <stdio.h>

#define N 10

main() {
  int a[N] = { 31, 41, 59, 26, 53, 58, 97, 93, 23, 84 };
  int i, j, t;

  /* 整列前のa[]の内容を出力 */
  printf("整列前：");
  [  あ  ]
  /* バブルソート */
  for (i = 0; i < N - 1; i++) {
    for (j = 0; j < N - 1 - i; j++) {
      if (a[j] > a[j + 1]) {
        [  い  ]
      }
```

```
18:         }
19:     }
20:     /* 整列後の a[] の内容を出力 */
21:     printf("整列後：");
22:     [  う  ]
23: }
```

7.5.3 3つの整列アルゴリズムの比較

ここまで，選択ソート，挿入ソート，バブルソートの3つの整列アルゴリズムを扱いました。それぞれのプログラムを比較すると，どんな共通点・相違点があるでしょうか。

相違点は，アルゴリズムの発想の違いとして理解できます。

選択ソート　未整列部分から最小値（最大値）を選び出し，整列済み部分の末尾に付け足す
挿入ソート　未整列部分の先頭を，整列済み部分の適切な箇所に挿入する
バブルソート　「隣と比較して，並べたい順と逆だったら入れ替え」を繰り返す

また，プログラムの字面を見ると，バブルソートが最も単純，と思われるでしょう。

共通点は，この3つのアルゴリズムがいずれも「比較と交換（入れ替え）」を使っていることと，「2重の繰り返し」で記述されることです。細かい議論は省きますが，これらのアルゴリズムには「圧倒的な性能差」はなく，数ある整列アルゴリズムの中で「並」の性能を持つものに分類されます[*3]。なお，「上」の性能を持つ整列アルゴリズムとして，**クイックソート**，**マージソート**が代表的ですが，このプログラムは少々難しいため，本書では名前の紹介だけにとどめます。

課題 100　**7.5.2** のプログラムの空所を補充して，完成させなさい。

課題 101　**7.5.2** のプログラムの18行と19行の間に a[] の内容を出力する記述を追加し，整列の様子を出力させてみなさい。

---

*3　詳しくは，整列させたいデータ数を n としたとき，n の2乗に比例する程度の「計算の手間」が必要とされる，ということです。

課題 102　**7.5.2** のプログラムを，降順（大きい順）に整列するように書き直しなさい。

課題 103　**7.5.2** のプログラムの 14〜18 行において，（1 セットごとに）何回交換が行われるかカウントできるようにしなさい。あるセットで 1 回も交換が発生しなかったら，それは全要素が整列済みであることを示している。このとき，13〜19 行のループをただちに切り上げて整列完了とするように，プログラムを書き換えなさい。

課題 104　本節で扱ったバブルソートは，**プログラム 32** の 13 〜 19 行を書き換える形で，次のようにも書ける。空所を補充して完成させなさい。

```
for (i = 0; i < N; i++) {
  for (j = N - 1; [ え ]; j--) {
    if (a[j - 1] > a[j]) {
      [ お ]
    }
  }
}
```

本章のチェックポイント

- □ 線形探索とはどんなアルゴリズムか説明できますか？
- □ 線形探索における「番兵」とはどんな役割を持つデータのことですか？ また，線形探索で番兵を用いた場合，そうでない場合と何が異なりますか？
- □ 二分探索とはどんなアルゴリズムか説明できますか？
- □ 「選択ソート（単純選択法）」は，どんな整列アルゴリズムか，説明できますか？
- □ 選択ソートをコーディングするにあたって，2つの基本的なアルゴリズムを組み合わせますが，それは何と何ですか？
- □ 「挿入ソート（単純挿入法）」は，どんな整列アルゴリズムか，説明できますか？
- □ 「バブルソート（単純交換法）」は，どんな整列アルゴリズムか，説明できますか？

8

関　数

8.1 関数とは

- 関数は，ひとまとまりの処理に名前を付けたもの
- C言語プログラムは，基本的には関数の寄せ集め
- 関数は，処理をまとめるほかに，その処理の中身を隠す；どのような条件でどのような結果が得られるかを知っていれば，その中身を知らなくても使える

これまでのプログラムは，main() が実行され，それが終了すると「おしまい」になるものでした。ここから，C 言語の処理の単位である**関数（function）**について説明していきます。

8.1.1 関数とは

プログラミング言語における関数とは，ひとまとまりの処理に名前を付けたものです。これによって，その「名前を付けられた処理」を，名前を呼ぶことで実行できます。

これはたとえば，同じ処理を何回も実行しなければならないときに威力を発揮します。同じ処理に対してのコードを何度も書くことなく，その処理に付けられた名前を呼ぶだけでよいのです。

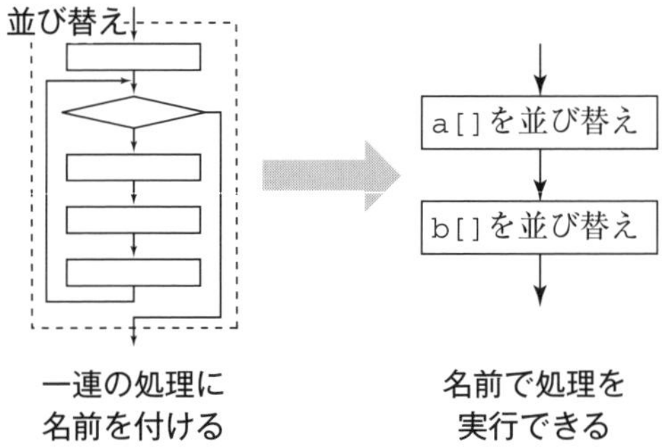

図 8-1

例として，並び替える処理を考えてみましょう。これは，なかなかに厄介な処理であることはご存じのはずです。これを，プログラム中で，繰り返しではないやり方で，数回実行しなければならないとします。このとき，毎回毎回，並び替えのコードを書くことをどう思うでしょうか。間違いなく面倒なはずです。ですが，関数の考え方では，1 回だけ並び替えのコードを書いて「並び替え」という名前を付けておけば，その処理が必要なときに，「並び替え」という名前を呼べばよいのです（**図 8-1**）。

8.1.2 C言語と関数

C 言語は，プログラムじたいが関数の寄せ集めで構成されるという特徴を持っています。main() も，一般の関数とは別格であるものの，関数であることには違いありません。

printf()，scanf()，sqrt() も，関数です。これらは，入出力処理，平方根を求める処理を，コンパイラなどを作った人たちが関数として用意しておいてくれたものです。私たちはその名前を呼ぶことで，これらの処理を行うことができるのです。

8.1.3 関数の利点

C 言語プログラムは関数で構成されていきます。C 言語においてプログラムを関数の寄せ集めで記述することは，たとえば main() 関数にすべての処理を書いてしまうのに比べて，次のような利点があります。

■同じ処理を何度も書かなくて済む

前述したように，ある処理を関数化すれば，同じ処理は関数の名前によって実行できます。これは，手間の大きな削減になります。

また，これは後述しますが，関数は，一般に，実行する条件を引数《ひきすう》として与えるため，（関数を作った人が想定した範囲で）異なる条件のもとで，同じような処理を実行させられます。

■プログラムのまとまりを見やすくする

何度も同じ処理を実行させるときには，関数の利用は非常に有利です。しかしそうでなくても，ある程度まとまった処理ごとに関数としてまとめておけば，プログラムのまとまりを見やすくすることができます。

また，どういった関数を用意して実行させれば問題が解決できるかということを先に考えて，その詳細を後から考えていく**トップダウン式**のプログラム方法にも適しています。

■同じ処理を別のプログラムで使いまわせる

関数をうまく作っておけば，それを別のプログラムで使いまわせます。別のプログラムにコピーして貼り付けることはもちろん，ファイルとして用意して組み込んだり，関数群

（ライブラリ）として用意し，コードの再利用性を高めたりすることができます。

■処理が実際に「何をやっているのか」知らなくても使える

関数は，使う側に立てば，「**どのような（what）**処理をするのか」が重要で，「**どのように（how）**処理をしているのか」は大して重要ではありません。関数を利用する立場からすれば，その中身は知らなくてもよいのです（ブラックボックス化）。

たとえば，`sqrt()`関数を使うと，正の平方根が得られますが，利用する立場からは，これは「正の平方根が得られる」という作用を知っていればじゅうぶんで，どのように（どんな計算手順で）平方根を求めているのかは知る必要がありません。

関数を使うには，どのように実行させればどのような結果が得られるということだけ知ればよいのですから，他人の作った関数でも，その詳細を知ることなく使えます。これは，多人数で効率的に開発をするときに重要です。

8.2 関数を使う

- 関数として定義された処理を実行させることを，「関数を呼ぶ」という
- 関数には，必要に応じて，実行させる条件である引数《ひきすう》をかっこ内に与える
- 関数の多くは，実行結果を「戻り値(返り値，返却値)」として戻す；関数を呼び出す式が，実行後その戻り値を値として持つ

関数は，自分で作ることも，自分が作ったあるいは他人が作ったものを使うこともできます。まず，関数を「使う」ことから見てみましょう。

8.2.1 関数を「呼ぶ」

関数を実行させることを，**関数を呼ぶ（call）**といいます。呼ばれた関数は，定義された処理を実行して，呼び出し元の処理のところに戻ってきます。

関数は，原則的には，その名前で呼び出します。その名前に，1組のかっこ「( )」を従えます。たとえば，`sqrt()` 関数は，呼び出されるとかっこの中の数値の正の平方根を計算し，それが終わると呼び出し元の処理が続行されます。

8.2.2 引数

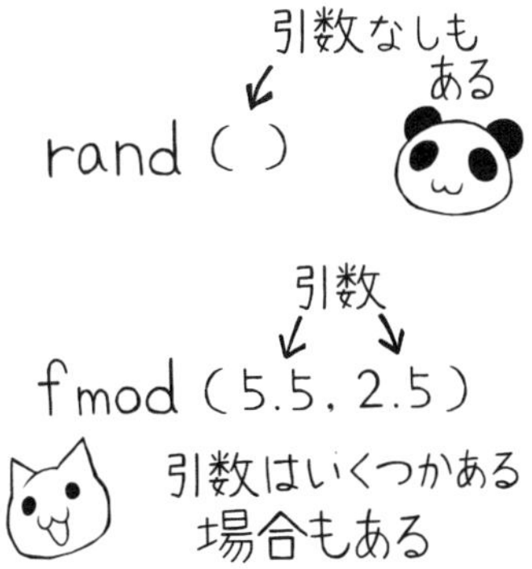

関数を呼び出すとき，その名前の直後のかっこ内に入る，関数を実行させる条件を**引数《ひきすう》**といいます。たとえば25の正の平方根を求めるのに，`sqrt(25)` として関数を呼び出します。この「25」が，平方根を求める処理の条件であり，引数です。関数を呼び出すときの引数を，特に**実引数《じつひきすう》（argument）**といいます。値を引数に設定することを，**渡す**ということがあります。先の例では，`sqrt()` 関数に25を「渡して」います。引数は定数ばかりでなく，渡せるものであれば一般の式の値でもかまいません。

一般に，C言語の関数は，引数の数・順序・型が決まっています[*1]。数・順序が違うと，正しく呼び出せません[*2]。引数の型が合っていない場合，適した型に自動的に変換が試み

---

*1 `printf()` 関数，`scanf()` 関数は，引数の数が一定しない，やや特殊な関数です。

*2 C++などでは，「同じ名前で引数の与え方が違う関数」を作ることができます（**オーバーロード〈overload〉**）。また，ある決まりに従って引数を省略することもできます。しかし，C言語ではこれらの書き方はありません。

られます。変換できない場合はコンパイル時にエラーとなります。引数の値の型変換によって，実行結果が予想と異なってしまう場合もあります。

引数を与えない関数は，空のかっこを従えて呼び出します（例：`rand()`）。複数の引数が必要な関数は，それらをカンマ「`,`」で区切ります（例：`fmod(5.5, 2.5)`）。

8.2.3 戻り値

関数が呼ばれ，その実行が終了すると，多くはその結果として，呼び出し元に1個の値が戻ってきます[3]。これを，**戻り値（返り値，返却値：return value）**といいます。

関数が値を戻すと，関数を呼び出している部分（式）が，戻り値の値になったかのように振る舞います。たとえば，

```
x = sqrt(25) + 1;
```

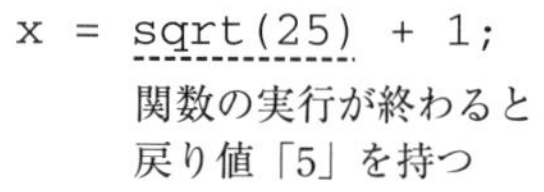

図 8-2

という式の文について，`sqrt(25)` が呼び出され，実行が完了すると，「引数（=25）の正の平方根」を戻してきます。この場合は「5」です。すると，`sqrt(25)` という，関数を呼び出している式があたかも戻り値5になったかのように振る舞い（値「5」を持ち），xには5 + 1で6が代入されます（**図 8-2**）。

関数によって，戻り値があるかないか，戻り値があるとすればどんな型の値を戻すかが決まっています。値を戻さない関数は，関数を呼び出す式を，値を期待して別の式の中に組み込むことはできません[4]。一方，値を返す関数については，戻り値を使わずに「捨てて」しまってもかまいません。たとえば，`printf()` 関数は，実は出力した文字数を返しています。これまでの `printf()` 関数の使用例では，戻り値をすべて捨ててしまっています。当然，出力した文字数が必要ならば，戻り値を別の変数に代入するなどして使えばよいのです。

課題 105 関数 `mid()` が，3つの整数の引数をとり，その中央値（2番目に大きい値）を返すものとしたとき，次の各式の値を求めなさい。

① `mid(3, 4, 5)`　② `mid(4 + 2, 3 * 3, 5)`
③ `mid(5, 8, 4 / 3) + 4`　④ `mid(10, mid(1, 8, 5), 4)`
⑤ `mid(3, 7, 2) * mid(4, 6, 8)`

---

[3] C言語は，文法上は関数の戻り値はたかだか1個ですが，事実上複数の値を返す関数を作ることもできます。

[4] プログラミング言語によっては，値を返すものを関数，返さないものを**手続き**または**プロシージャ**（procedure）と呼び分けるものがあります。C言語は，値を返しても返さなくても，すべて関数と呼びます。

8.3 関数の定義(1)

- **C言語の関数は，「戻り値の型　関数名(引数リスト)　{　関数の処理内容　}」という形式で定義する**
- **戻り値のない関数は，戻り値の型をvoidとする**
- **引数のない関数は，引数リストをvoidとする**

次に，「誰《だれ》かが用意してくれた関数」を利用するのではなく，「自分で関数を作る」ことを考えましょう。

8.3.1 関数の定義と性質の記述

自分で関数を作るには，どのような処理をするのかを定義しなければなりません。

そのために，まず，関数の性質の記述のしかたを知る必要があります。関数定義は，基本的に，次のような書式です[*1]。

戻り値の型　関数名(引数リスト){関数の処理内容}

関数の処理内容については次節で述べることにして，まずはそれ以外の部分について説明します。

■戻り値の型

「戻り値の型」は，関数が`int`型の値を返すのならば`int`，`double`型の値を返すのならば`double`と書くことになります。関数が値を返さない場合は**`void`**《ボイド》[*2]とします。ただし，C言語の関数は，配列を返すことはできません（当然，配列を返す記法もありません）。

■関数名

「関数名」は，変数名と同様の付け方です。英数字とアンダースコアからなり，数字か

---

*1　関数の宣言および定義について，もう1つ記法があります。これは，本書で解説しているANSI Cより前の，古いC言語での書き方です。古いプログラムではこの記法を見るかもしれません。しかし，これは，書ける必要はありません（むしろ，古い記法は，特別な制限がある場合以外は書くべきではありません）。

*2　空《から》の，うつろな，という意味の英単語。

ら始まってはいけません。予約語（C 言語にとって意味のある文字列）も使用してはいけません。

関数名は，どのような処理かわかるように付けるとよいでしょう。

■引数リスト

「引数リスト」は，その関数に渡されるべき引数のリストです。これが，関数に渡されるべき引数の数・順序・型を規定します。引数が複数の場合，カンマで区切ります。それぞれの引数は，

型名 仮引数名

で宣言します（関数の宣言および定義に現れる引数を，特に**仮引数**《かりひきすう》**〈parameter〉**と呼びます）。引数リスト中では，同じ型の仮引数が複数現れても，そのすべてについて型名を付けなければなりません。

たとえば，2 つの double 型の値 x，y を受け取り，double 型の値を返す関数 dabs() は，次のように書きます。

```
double dabs(double x, double y)
```

これは全体として**図 8-3** のように構成されています。なお，引数を取らない関数については，引数リストに void とだけ書きます。

double	dabs(	double x,	double y)
戻り値の型		1個めの引数	2個めの引数

図 8-3

8.3.2 関数定義と説明文書

関数定義から処理内容を除いた部分は，説明文書中で関数の性質を示すのに使うことがあります。私たちは，抜き出された部分と，それに付された解説から，関数の使い方を知ることができます。たとえば，sqrt() 関数は，次のように解説されるでしょう。

```
double sqrt(double x)
```

引数 x の正の平方根を返す。ただし x には負でない値を与える。

この文書によって，sqrt() 関数の引数の与え方を知り，その処理と使い方を知ることができます。

課題 106 次の関数において，戻り値の型と引数の型を指摘しなさい。

① int gcd(int x, int y) { …… }
② int max3(int a, int b, int c) { …… }
③ void putNum(int n) { …… }
④ double iExp(double x, int n) { …… }
⑤ int now(void) { …… }

課題 107 次の条件に合う関数の，定義から処理内容を除いた部分を書きなさい。

① int 型の引数 a を受け取って，int 型の値を返す関数 sqr()
② double 型の引数 x，y と int 型の引数 n を受け取って，double 型の値を返す関数 expedSum()
③ 引数を受け取らず，値を返さない関数 printStatus()

8.4 関数の定義(2)

- **関数の処理内容(本体)は，関数の戻り値型・関数名・引数リストのあとに中かっこでくくって記述する**
- **処理中にreturn文に出合ったら，その時点で処理を終了し，(書かれている場合は)後続の値を呼び出し元に返す**
- **1つの関数中に，return文はいくつあってもよい**

関数の処理内容の記述方法を見てみましょう。ここでのポイントは，「値を戻す」ということに関してです。

8.4.1 関数の定義

関数を，処理内容を書いて定義する（関数宣言のうち，処理内容〈関数本体〉を記述するものを特に関数定義といいます）には，戻り値型・関数名・引数リストに続けて中かっこ「{ }」を書いて，その中に処理内容を記述していきます。すでにご存じの，main()関数の場合と変わりません。

中かっこの中では，変数を宣言し，処理を記述し，必要なら値を返して，終了するという，一連の手続きが書かれることになります。

引数を伴う関数は，呼び出されたとき，引数リストの仮引数に，呼び出し元の実引数の値が代入された状態で実行が始まります。

そして，値を返すのに使用するのが**return文**です。書式は，次のいずれかです。

```
return;
return 式 ;
```

値を返さないとき（つまり，関数の戻り値型がvoidのとき）は前者，値を返すとき（void以外）は後者の書式を使用することになります。**関数の実行中，return文に出合うと，関数の実行は直ちに終了して（後者の書式の場合）値を呼び出し元に返し，制御**

を呼び出し元に戻します。なお，return 文は関数中にいくつあってもかまいません。

8.4.2 関数の中の変数

関数の中で，変数を作ることができます。特別な指定が伴わない場合，関数中の変数は，関数の実行が終了すると同時に消滅します。

仮引数も，関数内の変数と同様に，関数の実行開始とともに生まれ，関数の実行終了とともに消滅します。

これらの詳細は，「**8.11** 変数の寿命と通用範囲」（220 ページ）で詳しく説明します。

8.4.3 関数の例

ここから，いくつかの簡単な関数の例を見ていくことにしましょう。

■ 2つの整数の和を返す

たとえば，2つの整数を受け取り和を返す関数 add() を考えます。これは，次のように定義されるでしょう。

プログラム33　**2つの整数の和を返す関数**

```
int add(int a, int b) {
  return a + b;
}
```

■ 2つの整数の積を出力

2つの整数を受け取り，その積を出力する（値は返さない）関数 printMul() は次のように書けます。

プログラム34　**2つの整数の積を出力する関数**

```
void printMul(int a, int b) {
  printf("%d¥n", a * b);
  return;
}
```

ここで，戻り値型 void の関数について，最後まで実行させるときは return 文は省略してかまいません。ですから上記は，次のように書いてもかまいません[1]。

プログラム35　戻り値型voidの関数が最後まで実行されるときはreturn文を省略可

```
void printMul(int a, int b) {
  printf("%d¥n", a * b);
}
```

■整数の入力を関数化する

整数値の標準入力[2]からの入力を関数化すると，次のようなコードが考えられます。

プログラム36　整数値を入力させ，その値を返す関数

```
int scanInt(void) {
  int a;

  scanf("%d", &a);
  return a;
}
```

この関数は，引数はありません。ですから，呼び出すときは，

```
x = scanInt();
```

のように空のかっこを従えます。

また，関数内の変数 a は，return 文が値を返して関数の実行が終了すると，消滅します。

■2整数の大きいほうを返す

2つの整数を受け取り，その大きいほうを返す関数 max2() は，次のように書けるでしょう。

---

*1　値を返すべき関数が，値を返さない（「return;」のみで終了する，または return 文なしで終了する）と，文法的には誤りになりませんが，呼び出し元に不定の値が戻ってしまいます。これを代入して使用したりすると，重大なバグが発生するでしょう。逆に，戻り値型 void の関数で値を返そうとすると，その値は捨てられます。

*2　標準入力の詳細は，**付録 B**（246 ページ）参照。

プログラム37　2整数の大きいほうを返す関数

```
int max2(int a, int b) {
  if (a > b) {
    return a;
  }
  return b;
}
```

この関数にはreturn文が2つあり，if文で分岐しています。「a > b」のとき，aを戻り値としています。そうでないときはbを戻り値としています。

ふつうは，「return b;」はelse以下に書くと考えるでしょう。実際，そのように書いてもかまいません。

一方，ここで，return文は実行されると関数の実行が終了します。ですから，「return a;」が実行されたらこの関数の実行はただちに終了するのです（**図8-4**）。このとき，「return b;」は実行されません。

ですからこの関数は，「return a;」の実行で終了するか，「return b;」の実行で終了するか，ということになります。

```
if (a > b) {
  return a; ──→ return文で関数の実行終了
}
return b;
```

図8-4

■指定した個数の整数を入力させ，合計を返す

関数の中で，繰り返しなども問題なく使用できます。次に示すのは，引数で指定した個数の整数を入力させ，その合計を返す関数sumOfNums()です。

プログラム38　引数で指定した個数の整数を入力させ，それらの合計を返す関数

```
int sumOfNums(int n) {
  int a, i, s = 0;

  for (i = 0; i < n; i++) {
    scanf("%d", &a);
```

```
        s += a;
    }
    return s;
}
```

課題 108 次の仕様を満たす関数を作りなさい。必要ならば printf()，scanf()，sqrt() の各関数を用いてもよい。

① 整数を 1 個受け取り，それより 1 大きい整数を返す plus1()
② float 型の値を 1 個受け取り，それを度数法の角度と見て弧度法の角度に変換して（float 型で）返す関数 deg2rad()（円周率は 3.14159 とする）
③ 2 つの整数を受け取り，その差の絶対値を返す iabs()
④ 3 つの整数 h，m，s を受け取り，それを h 時間 m 分 s 秒とみて，その秒数を返す関数 inSec()
⑤ 2 つの正の整数 x，y を受け取り，x の y 乗を返す関数 ipow()
⑥ 正の整数を受け取り，それが素数なら 1，素数でなければ 0 を返す関数 isPrime()

Column

度数法と弧度法

角度は，1 周を 360 度とする度数法がよく使われますが，より一般には弧度法も使われます。

弧度法は，1 周（360 度）を 2π ラジアンとする角度の計り方です。これは，その角度を中心角に持つ半径 1 の扇形の弧の長さで表していることになります。

たとえば，半周（180 度）は π ラジアンです。4 分の 1 周（90 度）は π/2 ラジアンです。60 度は π/3 ラジアンです。

このことから，度数法で表された角度を 360 で割って，2π をかけると弧度法の角度になります。

弧度法は，数学で重用されるのはもちろん，プログラミング言語で角度を指定する場合にも多く使われます。

8.5 作成した関数を呼び出す

- **関数は，呼び出すより前に宣言されていなければならない**
- **関数は，宣言・定義しただけでは実行されない；呼び出して初めて実行される**
- **定義した関数は，宣言部の書式にあるような戻り値の型などは不要で，名前だけで(実)引数を与えて呼べばよい**

作成した関数は，あらかじめ用意されているような関数と同じように使用できます。ただし，いくつかの約束事を守らなければなりません。

8.5.1 関数を宣言するところ

定義された関数は，`printf()`，`scanf()`，`sqrt()`といった関数と同じように使用できます。ただし，**関数の宣言は，呼び出す前になされている必要があります。**

宣言されていない関数が呼び出されると，（コンパイラはファイルの最初から順にコンパイルしていきますので）その時点では呼び出すべき関数の詳細な情報がないため，コンパイル警告やエラーが発生します。ですからさしあたりは，「関数は使用するより前に定義するのが無難」と理解してください[*1]。

ここで，**関数は，宣言（および定義）しただけでは実行されません**。プログラムの実行の過程で**呼び出されてはじめて実行されます**。

8.5.2 関数を呼び出す

たとえば，198，199ページの`scanInt()`，`max2()`を定義して，2整数を入力してその大きいほうを出力させる完全な形のプログラムは，次のようになるでしょう。

*1 関数を前もって宣言だけしておけば（戻り値型・関数名・引数〈型〉リストを与えておけば），関数の定義（処理内容の記述）は後回しでもかまいません。この「前もって宣言する」ものを**プロトタイプ宣言**といいますが，これは本書では省略します。

プログラム39　2整数を入力し，大きいほうを出力するプログラム

```
#include <stdio.h>

/* 標準入力から整数を1個入力 */
int scanInt(void) {
  int a;

  scanf("%d", &a);
  return a;
}

/* 引数のうち大きいほうを返す */
int max2(int a, int b) {
  if (a > b) {
    return a;
  }
  return b;
}

/* main()関数 */
main() {
  int x, y;

  x = scanInt();
  y = scanInt();
  printf("%d¥n", max2(x, y));
}
```

main() 関数で呼び出している scanInt()，max2() 関数は，呼び出しより前に定義されています。

関数は，名前と引数だけで呼び出します。scanInt() を呼ぶときは，「scanInt()」とだけ書けばよいのです。戻り値の型「int」を先頭に付けたり，引数の型（この場合は void）をかっこ内に書いたりすることは不要です。

ここで，main() 関数を見てみると，処理のほとんどが関数に任されていて，main()

関数から読み取れるのは「xとyに整数値を読み込んで，その大きいほうを出力」ということだけです。main() 関数には，プログラム全体の大ざっぱな流れが，関数呼び出しによって記述されているスタイルになっています。

課題 109 本節のプログラムで，4つの整数の最大値を返す関数 max4() を，その処理中で max2() を呼び出すことで作成しなさい。この max4() を使って，main() 関数を書き換えて，入力した4つの整数の最大値を出力するプログラムを作りなさい。

8.6 C言語と関数

- C言語はもとからは入出力機能すら持たない；コンパイラとともに提供されるライブラリ関数のおかげ;この情報を読み込ませるのが「#include <stdio.h>」など
- main()関数はint型を返す関数で，書式は特別に2つある;正常終了時には0を返す

C 言語において，関数は非常に重要です。プログラムの実行が main() 関数を呼び出すことであることもそうですが，「裸では何もできない」C 言語を支えるのが，すでに用意された関数群だからです。

8.6.1 C言語とライブラリ関数

C 言語は，裸の状態では入出力機能すら備えていません。しかし，基本的な機能は，コンパイラと同時に，**標準ライブラリ**として提供されます。標準ライブラリの内容は，C 言語の規格で定められているので，環境にかかわらず同じです。

標準ライブラリに含まれる関数として，これまで使用してきた printf() 関数，scanf() 関数，sqrt() 関数などがあるのです。こういった「あらかじめ用意されている関数」を使って，私たちは基本的な機能を，はじめから組み込まれているかのように使用できます。

こういったライブラリは，一般にすでにコンパイル済みで，コンパイル工程の最後に利用者のプログラムと結合されます（**リンク**〈**link**〉）。ですから私たちは，これらの関数の中身を見る機会はほとんどありません。ですが働きを知れば使うことができます。

こういった関数などを使うための情報（宣言など）が，お決まりのように書いていた「#include <stdio.h>」で読み込まれます。標準ライブラリはいくつかに分かれており，使用する関数などに応じて，何を書いて情報を読み込むのかが決まっています（sqrt() を使うときは <math.h> を読み込むのでした）。<stdio.h>，<math.h> のほかに，<stdlib.h>，<string.h>，<ctype.h>，<time.h> などがよく使われます。

8.6.2 main()関数の型・引数・戻り値

プログラム開始時に実行されるmain()も，別格ではありますが，関数です。ですから戻り値の型があって，引数があります。

■ main()関数の宣言

正式には，main()関数の戻り値の型はintです。そして，main()だけは特別に，引数の与え方が2種類あります。ですから，main()関数の形式は，

```
int main(void) { … }
int main(int argc, char *argv[]) { … }
```

のいずれかです[*1]。これまでは，main()関数を

```
main() { … }
```

と定義していましたが，これは前者の書式とほぼ等価です[*2]。

■ main()関数の戻り値

main()関数はint型の値を返すのですから，値を返して終了しなければなりません。ここでの疑問は，「main()関数はどこに値を返すのか」ということでしょう。これは，プログラムを実行させた，OSなどに返すものと理解してください。呼び出し元（OS）は，この戻り値を捨てるかもしれませんが，int型の値を返すのが，main()関数の約束です。

通常，この戻り値は，プログラムが正常に終了できたかを表します。一般に，正常終了したときは，0または成功を表す値を記号定数で返します。

main()関数であっても，途中で実行を打ち切りたい場合はreturn文で終了させてかまいません。もしそれが異常終了だったら，0以外の値を返すべきでしょう。

本書では，以降，main()関数を

```
int main(void) { … }
```

で定義します。また，終了させる場合，必ずreturn文で値を返すことにします。

---

*1　後者は，実行時に引数を受け取る場合に使うmain()の形式です。本書では省略します。

*2　C言語では，関数の戻り値の型が省略されるとint型が仮定されます。しかし，省略は好ましくないでしょう。

8.7 値呼び出しと参照呼び出し

- C言語の関数は，仮引数に実引数の「値」が代入（コピー）されて実行される値呼び出し
- 値呼び出しでは，実引数として与えた変数の値は関数の呼び出し後に変化しない

C 言語の関数呼び出しで，実引数に変数を指定したとき，関数には「何」が渡るのでしょうか。

8.7.1 値呼び出しと参照呼び出し

C 言語の関数呼び出しでは，実引数の値が仮引数に代入されて，関数の実行が始まります。つまり，関数に渡るのは，実引数の**値をコピーしたものです**。ですから，関数内で仮引数の値を変えても，呼び出し元の（実引数に指定した）変数の値には影響が出ません。このような引数の渡し方を，**値呼び出し**（**call by value**）といいます。

たとえば，次のプログラムを考えます。

プログラム40　値呼び出しの作用

```
#include <stdio.h>

int max2(int x, int y) {
  if (y > x) {
    x = y;
  }
  return x;
}

int main(void) {
  int a, b, m;

  scanf("%d%d", &a, &b);
  m = max2(a, b);
```

```
15:     printf("a = %d, b = %d, max = %d¥n", a, b, m);
16:     return 0;
17: }
```

このプログラムを実行させて，aに3，bに5を入力します。14行でmax2()が呼ばれます。ここで渡されるのは，aの値「3」とbの値「5」であり，**変数（入れもの）そのものではありません**。渡された値がmax2()の仮引数xとyに代入されます。4行で「y > x」は成り立ちますから，「x = y;」が実行されてxの値は5になります。そして，xの値「5」を返してmax2()は終了します。ここで，関数には値のコピーしか渡していないのですから，aとbの値はそのままです（aの値が5になることはありません）。結果，15行で，

```
a = 3, b = 5, max = 5
```

と出力されてプログラムは終了します。

8.7.2 C言語の関数呼び出し

C言語では，関数へ引数を渡すとき，**すべて値呼び出しです**[*1]。

値呼び出しに対して，変数という「入れもの」がそのまま関数に渡ってしまう渡し方を**参照呼び出し**（call by reference）といいます。もし，**8.7.1**で関数が参照呼び出しされていたら，関数の実行終了時に，aの値は5になってしまいます。しかし，C言語では関数は値呼び出しなので，これは起こりません。値呼び出しと参照呼び出しを比較したのが**図8-5**です。

*1 プログラミング言語によっては，関数（またはそれに準ずるもの）への引数の渡し方について，参照を基本とするものもあります。

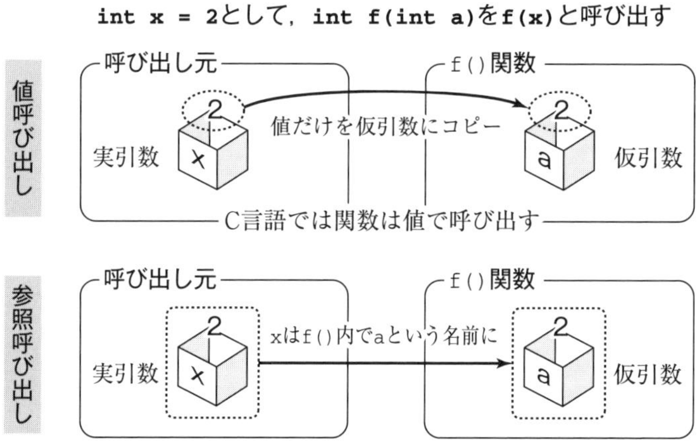

図 8-5

ただし，C 言語では，関数呼び出しの仕組みをうまく使うことで，実質的に参照呼び出しと同様の作用と結果を作り出すこともできます[*2]。

---

*2 これは，変数を丸ごと渡してしまうのではなく，変数が記憶装置の「どこに」あるかという「値」を渡すことで実現します。ここで重要な役割を演じるのが**ポインタ**（pointer）ですが，ポインタについては本書では省略します。

8.8 関数を用いたプログラム：組み合わせの数

■ **どの処理を関数として記述すればわかりやすくなるか，効率的なコードになるかを考える**

「組み合わせの数」を求めるプログラムを作成します。組み合わせの数を求めるのに，階乗の計算が不可欠です。これを，関数を用いてプログラムしてみます。

8.8.1 プログラムの動作

「n個からr個を取る組み合わせ」は，${}_nC_r = \frac{n!}{(n-r)!\cdot r!}$ で表せます。nとrにあたる負でない整数を入力して，${}_nC_r$を出力させるプログラムを考えます。

8.8.2 階乗を求める関数

この式では，階乗を3回求めています。ですから，「階乗を求める」処理を関数として記述するのがよいでしょう。

プログラム41　階乗を求める関数(1)

```
/* aの階乗を返す */
int fact(int a) {
  int i, x = 1;

  for (i = 1; i <= a; i++) {
    x *= i;
  }
  return x;
}
```

この関数は，iを1から（引数である）aまでカウントアップしながら，xにiをかけています。これで a の階乗が x に計算され，x を返しています[*1]。

さらに，C 言語の関数の引数は値で渡されますから，関数内で a の値を変えてもかまいません。このことを考えると，カウントのための i は不要であり，次のようにも書けるでしょう[*2]。

プログラム 42　**階乗を求める関数(2)**

```
/* a の階乗を返す */
int fact(int a) {
  int x = 1;

  for (; a >= 1; a--) {
    x *= a;
  }
  return x;
}
```

そして，この関数を書いてしまえば，この関数を呼べば階乗の値が戻ってくることだけ気にすればよいのです。どのように求めているかは，もう忘れてかまいません。

8.8.3 main() 関数を書く

fact() が定義されて使用できる今，main() 関数では，n と r にあたる値を読み込んで，**8.8.1** に掲げた式を fact() 関数を使って計算して求めて出力させるだけになります。

プログラム 43　**組み合わせの数を求めるプログラムの main() 関数**

```
/* main() 関数 */
int main(void) {
  int n, r, c;

  scanf("%d%d", &n, &r);
```

*1 「0 の階乗」のような特殊な場合でも正しく動作する（この場合 1 を返す）ようになっているか，注意しましょう（この関数は，fact(0) で 1 を返します；確認してみなさい）。

*2 for ループの第 1 式を空にすると，ループ実行前には何も行われません。

```
  c = fact(n) / fact(r) / fact(n - r);
  printf("%d個から%d個取る組み合わせ：%d¥n", n, r, c);
  return 0;
}
```

fact() 関数を 3 回呼んで，$n!$，$r!$，$(n-r)!$ を求めています。これをそれぞれ main() 関数の中で個別に求めていると，大変に面倒であろうことは，容易に想像できます。

8.8.4 完成したプログラム

fact() 関数と main() 関数を合わせれば，組み合わせの数を求めるプログラムが次のように完成します[*3]。関数は，呼ぶ前に宣言しておくことに注意してください。

プログラム 44 組み合わせの数を求めるプログラム

```
#include <stdio.h>

/* aの階乗を求める */
int fact(int a) {
  int x = 1;

  for (; a >= 1; a--) {
    x *= a;
  }
  return x;
}

/* main()関数 */
int main(void) {
  int n, r, c;
```

*3 このプログラムは，理論的には正しいのですが，最良のものではありません。なぜなら，階乗を単独で計算すると int 型で扱える値の範囲を簡単に超えてしまうからです。そのため，組み合わせの数はそれほど大きくならなくても，計算の途中で大きくなりすぎてしまい，対応できる範囲が狭くなってしまっています。計算手順を工夫すれば，対応範囲を広げることができます（これについては，たとえば**課題 112** の方法を試してみなさい）。

```
  scanf("%d%d", &n, &r);
  c = fact(n) / fact(r) / fact(n - r);
  printf("%d 個から %d 個取る組み合わせ：%d¥n", n, r, c);
  return 0;
}
```

関数が「値を返す」ということと，関数への引数は値で（値をコピーして）渡されることを確認して実行させてみましょう。すなわち，fact() 関数に渡された a は，その中で値が操作されていますが，呼び出し元には影響が及びません。

課題 110　本節の「組み合わせの数を求めるプログラム」を，main() 関数のみからなるプログラムで書いてみなさい。

課題 111★　本節のプログラムを，「n 個から r 個とる順列の総数」${}_{n}\mathrm{P}_{r}=\dfrac{n!}{(n-r)!}$ を求めるプログラムに書き換えなさい。

課題 112　$n \leqq m$ について，n から m の積 $n\cdot(n+1)\cdot\cdots\cdot(m-1)\cdot m$ を求める関数 int fact2(int n, int m) を定義して，組み合わせの数を求めるプログラムを作り直しなさい。これによって，入力して正しく答えが求められる値の範囲が広がることを確かめなさい。

課題 113　xy平面上の 2 点，(x_0, y_0)，(x_1, y_1) に対して，$|x_1-x_0|+|y_1-y_0|$ で定義される距離を**マンハッタン距離**という（$|x|$ は x の絶対値を表す）。x_0，x_1，y_0，y_1 にあたる値を double 型で入力し，マンハッタン距離を計算して出力させるプログラムを書きなさい。このとき，2 数の差の絶対値を求める関数 double dabs(double x, double y) を作成して利用しなさい。

課題 114　**課題 113** と同じ動作をするプログラムを，引数の絶対値を返すライブラリ関数 double fabs(double x) を使って書き直しなさい。fabs() 関数は，<math.h> を読み込んで使用する。このとき，**課題 113** とは違って，自分で関数を定義する必要はない（関数を自作する必要はない）ことに注意しなさい。

Column

組み合わせの数と階乗

A・B・C・D・Eの5個のうちから3個とる順番が何とおりあるか考えます。これは，最初5個とる可能性があって，次に4個とる可能性があって，その次に3個とる可能性があるわけですから，5×4×3＝60とおりです。

同様にして，n個からr個をとる順番の個数はというと，$n \times (n-1) \times (n-2) \times \cdots \times (n-r+1)$とおりになります。全部で$r$個の数をかけ合わせていることに注意してください。これを，${}_n\mathrm{P}_r$と表します。

ここで，階乗という計算を導入します。$n!$と書いて，1からnまでをかけ合わせるものです。

$$n! = n\times(n-1)\times(n-2)\times\cdots\times2\times1$$

たとえば，4!＝4×3×2×1＝24です。

さて，先ほどの，「n個からr個をとる順番の個数」の式は，$n!$に似ていますが，$(n-r) \times (n-r-1) \times \cdots \times 2 \times 1$の部分がありません。ということは，$n!$から割り算してしまえばよくて，

$${}_n\mathrm{P}_r = \frac{\{n\times(n-1)\times(n-2)\times\cdots(n-r+1)\}\times\{(n-r)\times(n-r-1)\times\cdots\times2\times1\}}{(n-r)\times(n-r-1)\times\cdots\times2\times1} = \frac{n!}{(n-r)!}$$

になります。

一方で，n個からr個をとる組み合わせを考えます。これは${}_n\mathrm{C}_r$と表します。順番の場合と違うのは，取り出されたものの順番を気にしないということです。ですから，たとえば3個取り出すなら3×2×1＝3!で割ってしまいます。r個取り出す場合は$r!$で割ります。ですから，

$${}_n\mathrm{C}_r = \frac{{}_n\mathrm{P}_r}{r!} = \frac{n!}{r!\cdot(n-r)!}$$

となります。

8.9 関数に配列を渡す(1)

- C言語では，関数は配列を戻せないが，配列丸ごとを関数に渡すことができる
- 関数側では配列の要素数はわからない
- 配列を渡すとき，「[]」などは付けず，配列の名前を実引数とする
- 配列を渡したとき，参照呼び出しと実質同じ作用を持つ；渡された配列を書き換えると，呼び出し元に影響する

C言語の関数は，配列を戻すことはできませんが，引数に配列を丸ごと渡すことができます。このとき，実質的に参照呼び出しになります。

8.9.1 1次元配列を受け取る関数

たとえば，int型の配列を，aという配列名で受け取る，int型の値を返す関数f()の宣言は，

```
int f(int a[])
```

となります。一般に，大かっこ「[ ]」の中は，空とします。

ここで，a[]として渡される配列については，呼び出し元でどんな要素数であってもかまいません。どんな要素数の1次元配列でも受け取れます。そして，このように渡された配列の要素数を，関数内で知ることはできません。プログラム作成時に要素数がつねに既知である場合ならばよいですが，そうでない場合，配列の最後の要素に特別な値が入っているとか，別の引数で要素数を受け取るとか，などの対策をとらないと，簡単に配列の「存在しない要素」に触ってしまう誤りを引き起こします。

なお，先ほど「a[]」と書いていた仮引数の大かっこ内に，値を書いてもかまいませんが，無視されます。「a[10]」と書いてあっても，要素数が10個でない配列を渡してもかまいませんし，受け取った配列の要素数が10個である保証もありません。

8.9.2　関数に配列を渡す

関数に配列を渡すときは，[ ] などは付けず，「配列の名前」を実引数にします。たとえば，

```
void g(int a[])
```

と宣言されている関数 g() に，int 型の配列 x[ ]（要素数 10）を渡して呼び出すときは，

```
g(x);
```

と書きます。

なお，配列の要素のうち 1 個の値を渡す場合は，要素番号を伴わせます。たとえば，

```
void h(int n)
```

に，x[ ] の要素 x[9] の値を渡すときは，

```
h(x[9]);
```

と呼び出します。

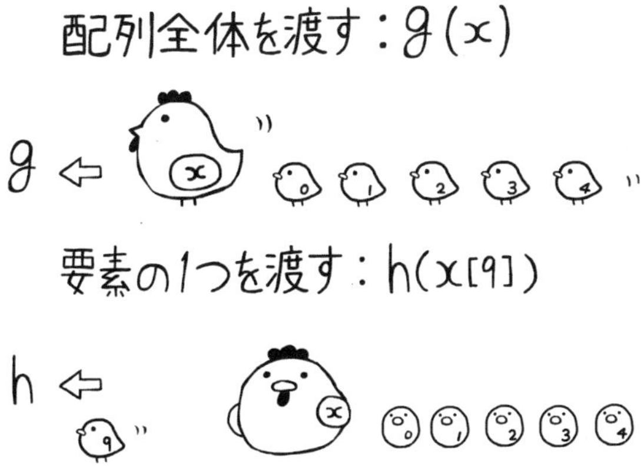

8.9.3 配列を渡すと実質的に参照呼び出し

「**8.7** 値呼び出しと参照呼び出し」（206 ページ）で述べたように，C 言語の関数呼び出しにおいて，引数は値で渡されます。関数内で仮引数の値を変えても，呼び出し元には影響は出ません。しかし，**配列を丸ごと渡した場合，関数内でその配列の値を書き換えると，呼び出し元に影響が出ます**（呼び出し元で渡した配列の内容が書き換わります）。これはつまり，実質的に参照呼び出しです [*1]。

たとえば int x[] = { 1, 3, 5, 7, 9 } に対して，次の関数

```
void incAll(int a[], int size) {
  int i;

  for (i = 0; i < size; i++) {
    a[i]++;
  }
}
```

について incAll(x, 5) を実行すると，実行後に呼び出し元の x[] の値は，{ 2, 4, 6, 8, 10 } になります（完全な値呼び出しならば，{ 1, 3, 5, 7, 9 } のままのはずです）。

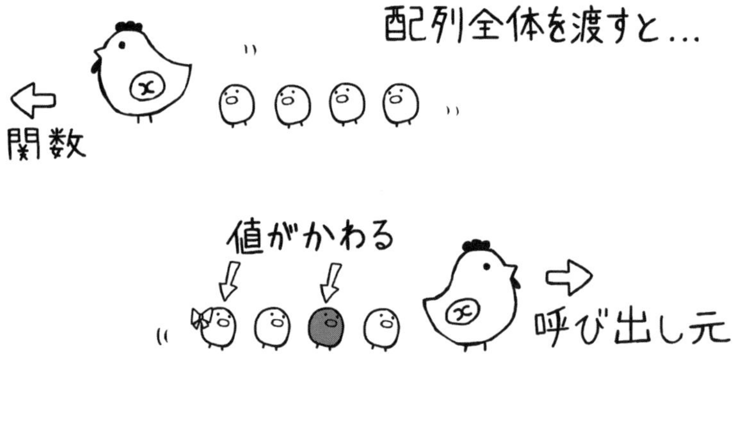

*1 確かにこの場合も，値呼び出しなのですが，配列の要素の値でないものが渡っているため，参照呼び出しのように振る舞います。ポインタを理解することでこの仕組みが理解できます。

8.10 関数に配列を渡す(2)

- 配列を引数に渡すことで，実質「配列が戻る」関数を作れる
- 配列を関数に渡す場合は，関数内で値を変えてよいかに注意
- 2次元以上の配列を渡すときは，先頭の次元以外の要素数は明示しなければならない

配列を関数に渡すとき，通常の変数の値を渡すときとは振る舞いが異なっています。これをうまく利用する方法がある一方，注意しなければならない点もあります。

8.10.1 実質上「配列が戻る」関数

C言語では配列を戻す関数が作れません。しかし，配列を渡すとその内容を書き換えることができますから，これで実質「配列が戻る」関数を作れます。たとえば，次の関数は，size 個の要素を，src[] から dst[] にコピーします。

プログラム45 配列をコピーする関数

```
/* src[] から dst[] へ size 個コピーする */
void copyAry(int dst[], int src[], int size) {
  int i;

  for (i = 0; i < size; i++) {
    dst[i] = src[i];
  }
  return;
}
```

呼び出し元で配列を準備しておき，引数として渡して，関数の中で要素の値を書き換えてもらいます。

しかしこの場合，「実質『配列が戻る』」とはいっても，戻り値になるわけではないことに注意してください。

8.10.2 渡ってきた配列をどう扱うか

この「関数に渡された配列の中身を書き換えると呼び出し元に影響が出る」ことは，一方で，関数呼び出しによって不意に配列の要素の値が書き換えられてしまう可能性を生みます。

ですから，配列を渡す関数を使ったり作ったりするときには，渡す／渡される配列の内容が，関数の実行終了後に変化するかしないかに注意しなければなりません[*1]。

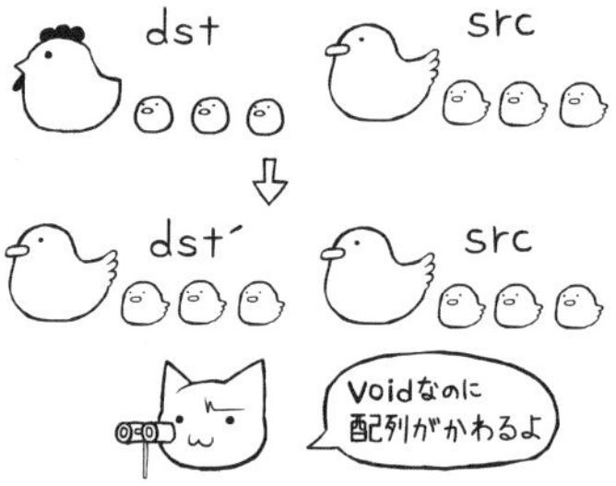

8.10.3 2次元以上の配列を関数に渡す

2次元以上の配列を関数に渡すこともできます。

たとえば，5 × 5 の int 型の配列を受け取り，int 型の値を返す関数 ary25() の宣言は，

```
int ary25(int a[][5])
```

のようになります（または，5 × 5 の要素を受け取ることを「int ary25(int a[5][5])」のようにことさら示すこともできるでしょう）。ここで，**大かっこの中を空にする（空にしてよい）のは，1 次元めだけ**です。2 次元め以降の要素数は，明示的に与えなければいけません。そしてこの関数が受け取れるのは，2 次元めの要素数が 5 である配列だけです。「どんな構成の 2 次元（以上）の配列でも受け取れる関数」は，作れません。ですからたとえば，

```
int arySum(int a[][10])
```

---

*1　関数の仮引数の宣言において，「const」を付けて，たとえば int f(const int a[]) { … } のように宣言すると，f() 内で a[] の値変更が抑止されます（コンパイル時にエラーとして検出できます）。

のような関数は作れますが，int arySum(int a[][]) や，int arySum(int a[5][]) のような関数は作れないのです。

課題 115 int 型の配列 a[] と，その要素数 size を引数とし，与えた配列の要素すべてを 2 乗する関数 void sqrAll(int a[], int size) を書きなさい。

課題 116 int 型の配列 a[] と，その要素数 size を受け取り，その各要素の絶対値を（要素ごとに改行させて）出力させる関数 void printAbs(int a[], int size) を書きなさい。ただし，関数の実行前後で引数の配列の内容は変えてはならない。

課題 117 同じ size 個の要素数を持つ int 型の配列 a[]，b[] を受け取り，同じ要素番号の要素の値の差の 2 乗を c[] に計算する関数 void subSqr(int c[], int a[], int b[], int size) を書きなさい。ただし，a[]，b[] の内容は関数実行前後で変えてはならない。

課題 118 10×10 の int 型の配列を受け取り，その要素の値の合計を返す関数 int gridSum(int a[10][10]) を書きなさい。ただし，関数の実行前後で引数の配列の内容は変えてはならない。

課題 119 7.1（158 ページ）で扱った線形探索の処理を，関数として作ることを考える。int 型の，要素数 size の配列 a[] から，値 x を探すものとする。見つかった場合その要素番号を，見つからなかった場合 −1 を返すものとする。関数では return 文でただちに実行を終了させ値を返せることを利用して，次のように関数を作成した。空所に適切な式を補充しなさい。

```
int linearSearch(int a[], int size, int x) {
  int i;

  for (i = 0; [  あ  ]; i++) {
    if ( [  い  ] ) {
        return i;
    }
  }
  return -1;
}
```

8.11 変数の寿命と通用範囲

- **変数には，それが「見える」範囲と「生きている」範囲がある**
- **関数内で定義された一般の変数は，その関数の中だけで見え，関数の実行が終了すると消えてなくなる**
- **見えていない変数は，その時点では「ない」ことと同じ；それと同じ変数名を使用してもよい**

C 言語では，変数に「寿命」と「見える範囲」（**通用範囲，スコープ〈scope〉**）という考え方があります。変数は，定められた範囲（コード中の位置）で使え，定められた範囲の実行が終了すると消えてしまいます。

8.11.1 関数の中での変数の寿命

これまでは，関数の冒頭で，変数を定義していました。これらの変数は，特別な指定がない限り[*1]，その関数の実行が終わると，消滅してしまいます。

main() 関数中の変数は，main() 関数の終了はプログラムの終了と（ほぼ）等しいのですから，終了と同時に変数が消滅することに不思議はありません。

一方で，一般の関数内の変数（仮引数も含む）は，関数の実行が開始されるたびに作られ，その実行が終了すると消滅します。たとえば，

```
int ipow(int x, int y) {
  int p = 1;

  for (; y > 0; y--) {
    p *= x;
  }
  return p;
}
```

は x の y 乗を返す関数ですが，その変数 p と仮引数（の変数）x，y は，ipow() が**実行**

---

*1　その「特別な指定」については，**8.14**（231 ページ）で述べます。

されるたびに作られ，終了すると消滅します。関数の実行が終わった後，これらの変数の値を確かめる術はありません。ただし，return 文は p の値（のコピー）を返すものであり，呼び出し元は関数の評価後に変数 p そのものを参照しているわけではありません。

8.11.2　関数の中の変数が見える範囲

関数の中で定義された変数は，それが存在している（関数の実行が終了しておらず，変数が消滅していない）場合でも，関数の外からは見えなくなります（これを，**通用範囲外**であるといいます）。

たとえば，先ほどの ipow() に対して main() 関数[*2]が，

```
1:  int main(void) {
2:    int a, b, p;
3:
4:    scanf("%d%d", &a, &b);
5:    p = ipow(a, b);
6:    printf("%d¥n", p);
7:    return 0;
8:  }
```

と定義されているとき，5 行で ipow() が呼び出されると，ipow() 内では main() 中の変数 a，b，p は見えなくなります。ipow() 内で main() 中の a，b の値を知ろうとしても，「変数が宣言されていない」とエラーになります。そしてさらに，main() と ipow() では同じ名前の変数 p がありますが，これらは**まったくの別物で，互いに影響しません**（図 8-6）。特別な操作をしなければ，その時点で「見えない」変数は「存在しない」ことと同じで，見えていない変数と同じ名前の変数を使ってもまったく問題ないのです[*3]。

*2　#include ……などは適切にされているものとします。

*3　ややこしい話ですが，渡されたものが配列である場合，「呼び出し元の変数が違う名前で見えている」状態になります。

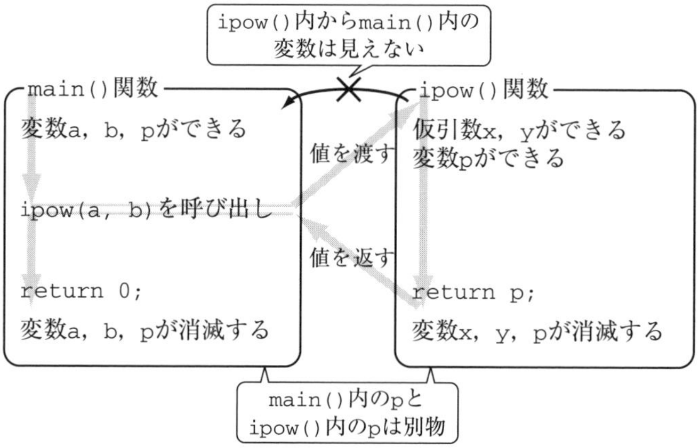

図 8-6

課題 120 本節のプログラムを完全な形で記述して実行させてみなさい。また，ipow() 中で a，b の値を出力させようとすると，コンパイルエラーとなることを確認しなさい。

8.12 局所変数と広域変数

- **その関数内でしか「見えない」関数内の変数に対して，どの関数からも使える広域変数がある**
- **広域変数は関数の外で定義する；広域変数の初期値は「0」**

特定の関数の中だけで通用する変数だけでなく，すべての関数からも使える変数を作れます。これは，関数間での共通のデータを扱うのに適していますが，慎重に使用しないと，プログラムがかえって複雑になってしまったり，バグを招いてしまったりします。

8.12.1 局所変数と広域変数

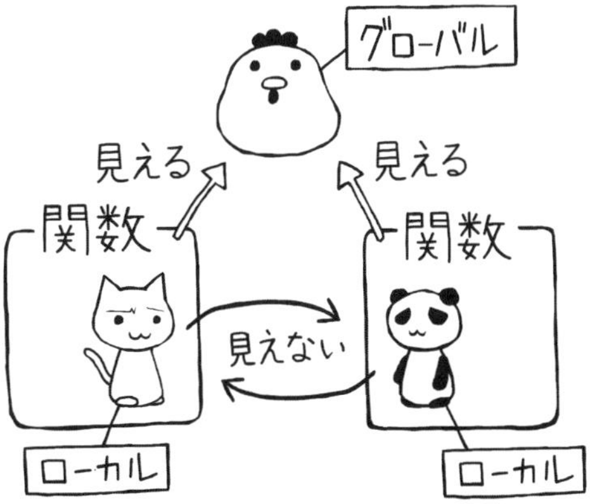

関数の中の変数は，関数の実行開始時に作られ，終了すると消滅するのでした。そして，存在する間であっても，その関数の外では見えなくなってしまうのでした。

それとは逆に，プログラムの実行中ずっと存在し，どの関数からでも操作できる変数を作ることができます。これは，**広域変数**（**大域変数**，**グローバル〈global〉変数**）と呼ばれます。

一方，これまでの，関数の中だけで通用する変数を，**局所変数**（**ローカル〈local〉変数**）といいます。

8.12.2 広域変数の定義

広域変数は，関数の外側で定義します。定義の方法は，局所変数と同じです。初期化値を与えると，プログラムの開始時に1回だけ，初期化されます。初期化に関して通常の局所変数と違うのは，広域変数は，明示的に初期化しない場合（不定にはならず）「0」に初期化されることです。

広域変数は，使用する前に宣言されていなければなりません。しかし多くの利用では，ソース・ファイルの冒頭で集中的に定義します[*1]。

8.12.3 広域変数を使用したプログラム

次のプログラムは，広域変数 cnt が，printNum() 関数が呼ばれた回数をカウントするようにしています。cnt はプログラム全体から見ることができて，最後に printNum() を呼んだ回数を出力して終了しています。

プログラム46 **広域変数を用いたプログラム**

```
#include <stdio.h>

int cnt = 0; /* printNum() の呼び出し回数を数える */

/* 数値を出力して改行 */
void printNum(int x) {
  printf("%d¥n", x);
  cnt++; /* 広域変数をカウントアップ */
  return;
}

/* main() 関数 */
int main(void) {
  int i, j;

  for (i = 0; i < 10; i++) {
    for (j = 0; j <= i; j++) {
      printNum(i + j);
    }
  }
  printf("printNum() は %d 回呼び出されました。¥n", cnt);
  return 0;
}
```

*1 広域変数を定義より前に使用する場合，それを使用する関数内で extern 宣言が必要になりますが，一般に広域変数はソース・ファイルの冒頭で集中的に定義するので，関数内で宣言せずに使うのがふつうです。

8.12.4 広域変数の利点と欠点

広域変数を使うと，複数の関数の間で共通して同じ変数を使うことができます。プログラム全体で使用するデータに適しています。また，引数としてデータを渡す代わりに，広域変数を使って関数間でデータをやり取りできます。

広域変数は便利な反面，それをどこからでも見られるため，「どこで，どのタイミングで値が変わるか把握しきれない」状況が頻発し，思わぬ値変更が誤動作を生みがちになります。また，関数どうしが広域変数を通じて強く関係してしまうので，関数の使いまわしがしづらくなってしまいます。

8.13 関数を用いたプログラム：売り上げの集計

■関数は，「使いまわしがきくように」作るのがポイント

ここで作成するのは，企業などでの月別の売り上げを1年分入力して，合計を求めるプログラムです。年間の合計を求めることはもちろんですが，四半期（1〜3月，4〜6月，7〜9月，10〜12月）別の売り上げ合計も求めることにしましょう。

「合計を求める関数」を関数として作る方針をとりますが，そのときのポイントは，「できるだけ一般化して，再利用できるように作っておくこと」です。

8.13.1 プログラムの動作

1〜12月の売り上げを，まずは入力させます。入力した売り上げは，`int`型の配列`x[]`（13個の要素を確保して，`x[1]`〜`x[12]`を使うものとします）に記憶します。

合計は，関数を使って求めることにします。四半期ごとの合計と，1年の合計を求めて出力させることにしましょう。

入力した値と合計について，`int`型の値の限界は（さしあたり）考えないものとします。

8.13.2 配列の値の合計を求める関数

配列の値の合計を求めるのであれば，配列だけ（要素数がわかっている場合），またはそれに加えてその要素数を渡して，

```
int sumAry(int a[])
int sumAry(int a[], int size)
```

とすればよいでしょう。しかし，このプログラムでは，「1〜3月」などの配列の一部についての和を求める処理があります。ですから，「指定した要素番号の範囲の和を求める」関数を作れば，四半期ごとの合計も，年間の合計も求められるでしょう。

プログラム47　配列の一部の合計を求める関数

```
/* a[s]からa[e]の合計を求める */
int sumSubAry(int a[], int s, int e) {
  int i, sum = 0;

  for (i = s; i <= e; i++) {
    sum += a[i];
  }
  return sum;
}
```

このように関数を作成すれば，たとえば第1四半期（1～3月）の合計は sumSubAry(x, 1, 3) のように呼び出せば求められますし，年間の合計は sumSubAry(x, 1, 12) のように呼び出せば求められるのです。

ここで，この関数は配列を渡していますが，関数内部でその値を書き換えない（書き換えるべきではない）ことに注意します（書き換えたら，x[] にデータを蓄えている意味がなくなってしまいますし，何度も合計を求めることができなくなってしまいます）。

8.13.3　main()関数を書く

main() 関数では，12か月分の売り上げを入力して，それぞれの条件（四半期ごと，1年）で合計を取ればよいでしょう。for ループで値を読み込んでいく点，配列を（丸ごと）関数に渡すときは配列名だけでよい（[] などは付けない）点に注意してください。

プログラム48　四半期ごとの売り上げを求めるプログラム（main()関数）

```
#define MONTHS 12

int main(void) {
  int x[MONTHS + 1], i; /* x[0]は使用しない */

  /* 毎月の売り上げを入力 */
  for (i = 1; i <= MONTHS; i++) {
    printf("%2d月の売り上げ：", i);
```

```
      scanf("%d", &x[i]);
    }
    /* 四半期ごとの売り上げ合計を出力 */
    printf("■ 四半期ごとの売り上げ合計¥n");
    for (i = 1; i <= 4; i++) {
      printf("第%d四半期:%d¥n", i, sumSubAry(x, i * 3 - 2, i * 3));
    }
    /* 1年の売り上げ合計を出力 */
    printf("■ 1年間の売り上げ合計¥n%d¥n", sumSubAry(x, 1, 12));
    return 0;
  }
```

第 n 四半期（$n=1, 2, 3, 4$）は，$(3n-2)$ 月から $3n$ 月ですから（**図 8-7**），これを x[] の合計を求める要素の範囲として渡すことになります。

第1四半期	1月 $(3\times1-2)$	～ 3月 (3×1)
第2四半期	4月 $(3\times2-2)$	～ 6月 (3×2)
第3四半期	7月 $(3\times3-2)$	～ 9月 (3×3)
第4四半期	10月 $(3\times4-2)$	～ 12月 (3×4)
	$3n-2$	$3n$

図 8-7

8.13.4 完成したプログラム

以上から，完成したプログラムは次のようになります。

プログラム49 四半期ごとの売り上げを計算するプログラム(完成版)

```
#include <stdio.h>

#define MONTHS 12

/* a[s] から a[e] の合計を求める（a[] の内容は変えない）*/
int sumSubAry(int a[], int s, int e) {
  int i, sum = 0;

  for (i = s; i <= e; i++) {
```

```
    sum += a[i];
  }
  return sum;
}

/* main()関数 */
int main(void) {
  int x[MONTHS + 1], i; /* x[0]は使用しない */

  /* 毎月の売り上げを入力 */
  for (i = 1; i <= MONTHS; i++) {
    printf("%2d月の売り上げ：", i);
    scanf("%d", &x[i]);
  }
  /* 四半期ごとの売り上げ合計を出力 */
  printf("■ 四半期ごとの売り上げ合計¥n");
  for (i = 1; i <= 4; i++) {
    printf("第%d四半期：%d¥n", i, sumSubAry(x, i * 3 - 2, i * 3));
  }
  /* 1年の売り上げ合計を出力 */
  printf("■ 1年間の売り上げ合計¥n%d¥n", sumSubAry(x, 1, 12));
  return 0;
}
```

確認していただきたいのは，上記のプログラムで，sumSubAry()関数とmain()関数のいずれにも，int型の変数iが定義されて，使われていることです。この2つの「i」は，「**8.11** 変数の寿命と通用範囲」(220ページ) で説明したように，違う変数であって，互いに影響を及ぼしません。

課題 121 size個の要素を持つint型の配列をx[]として受け取って，その全要素の合計を返す関数int sumAry(int x[], int size)を作りなさい。ただし，本節で作成したsumSubAry()を，その処理中で呼び出しなさい。

課題 122 int 型の配列 x[]，と，int 型の値 s，e（ただし，e は s 以上）を受け取り，x[s] から x[e] の範囲の最小値を持つ要素番号を返す関数 int minIdx(int x[], int s, int e) を作りなさい。ただし，関数の実行において x[] は変化させないものとし，範囲に最小値が複数ある場合は，そのうち最も若い要素番号を返すものとする。

課題 123 **課題 122** の関数 minIdx() を用いて，選択ソートのプログラムを書いてみなさい。昇順に並べる場合と，降順に並べる場合，両方について考えてみなさい。

8.14 static記憶クラス

- 関数内で「**static**」を伴って定義された変数は，プログラムが終了するまで1つの実体を保持する（関数が終了しても消滅せず，値が保持される）
- **static**変数は，「入出力関係」のみの関数に「状態」を与えることができる

関数内の変数について，「関数の実行が終わっても消滅せず，値を保持する」ものが作れます。

8.14.1　staticを伴う局所変数

通常の局所変数は，関数の実行が終了すると消滅してしまいます。しかし，定義するときに，前に **static** を付けると，その変数は関数の実行後に消滅することなく，値を保持したまま，プログラムの終了時まで存在しつづけます。

変数がプログラムが動作している間じゅう存在しているというのは，**8.12**（223ページ）の広域変数に似ています。しかし相違点は，広域変数はプログラム全体から見ることができますが，static を付けた局所変数は，**あくまで局所変数なのでその関数の外からは見えない**（通用範囲がその関数内である）ということです。

static を伴う変数は，プログラムの開始時に1度だけ初期化されます。明示的な初期化値がない場合は「0」に初期化されます。

一般に，関数は，（その中で広域変数を使わない限り）その動作は以前の呼び出しに依存しませんが，static 変数によって，関数が状態を持つようになり，それまでの呼び出しによって異なる動作をするようになります。

次の tff() は，1個の状態を記憶する関数です[*1]。引数には0または1を与えるものとします。0の場合は前回と同じ値を返し，1の場合は「前回0なら1，前回1なら0」を返します。この「前回と同じ」のように，以前の呼び出しに依存する動作は，static 変数の使用によるものです。

*1　コンピュータ内部の回路に使われる「Tフリップフロップ」と呼ばれるものの動作を模しています。

プログラム50　static変数により状態を持つ関数

```
 1:  int tff(int t) {
 2:    static int st = 0; /* 1度だけ初期化される */
 3:
 4:    if (t == 1) {
 5:      if (st == 0) {
 6:        st = 1;
 7:      } else {
 8:        st = 0;
 9:      }
10:    }
11:    return st;
12:  }
```

2行で定義される変数 st は，**プログラムの開始時に1回だけ**0に初期化されます（関数の開始時に毎回初期化されるわけではありません）。そして，関数が終了した後も，そのときの実行直後の値を保持します。次回，関数が呼ばれたときには，その値の状態で tff() の実行が開始されます。

8.14.2 記憶クラス：自動的と静的

C 言語の変数の記憶のされ方は，次のようなものがあります。

自動的 ある部分に入るときに作られ，その部分の実行が終了すると消滅；初期値を明示しない場合，初期値は不定

静　的 プログラムの実行中に渡って保持される；初期値を明示しない場合，初期値は0

関数内で特別な指定なく定義された変数は，自動的な記憶クラスを持ちます。`static`を伴う変数および関数の外で定義された変数は，静的な記憶クラスを持ちます。

これまで説明した変数の定義のしかたについて，定義した変数が「見える」範囲（通用範囲）と，記憶クラスとを表にして表すと，次のようになります。

	見える範囲（通用範囲）	記憶クラス	初期値
関数内・指定なし	その関数内	自動的	不定
関数内・static	その関数内	静的	0
関数外（広域変数）	プログラム全体*1	静的	0

課題 124 初期値を 0 として，引数に与えた整数を累積しつづけ，累計を返す関数 `int accum(int x)` を書きなさい。この関数を用いて，「0 以下の数が入力されるまで，入力された正の整数の合計を計算する」プログラムを作りなさい。ただし，`main()` 関数に合計を保持する変数を用意してはならない。

*1 厳密には，宣言されてからファイルの最後までが通用範囲ですが，広域変数はソース・コードの冒頭で宣言・定義されることが多いですから，ソース・コードがファイル 1 つのプログラムでは，事実上「プログラム全体」と考えても差しつかえないでしょう。

本章のチェックポイント

- ☐ C言語における「関数」の考え方を説明できますか？
- ☐ 関数の「呼び方」を理解していますか？
- ☐ C言語の関数の「戻り値」とは何か，どのようなはたらきをするか，それぞれ説明できますか？
- ☐ 関数の定義の方法を理解していますか？
- ☐ 「2つの整数を受け取り，そのうち大きいほうを返す関数」を書けますか？
- ☐ 関数呼び出しにおける「値呼び出し」とはどんな考え方か，説明できますか？
- ☐ 通常の変数1個を関数に渡したときと，配列変数を丸ごと関数に渡したときとの違いを説明できますか？
- ☐ 「配列変数とその要素数を受け取り，その合計を返す関数」を書けますか？
- ☐ 「配列変数とその要素数を受け取り，その中の最大値を返す関数」を書けますか？
- ☐ 変数の通用範囲（どの範囲から見えるのか）と，変数の寿命について説明できますか？
- ☐ 広域変数（グローバル変数）と，局所変数の違いを説明できますか？
- ☐ 関数内で通用する変数について，「`static`」を伴って宣言されたものとそうでないものの違いを説明できますか？

Column

基本的なMS-DOSコマンド

　コマンドプロンプトの命令（コマンド）を，いくつか紹介しましょう。

　コマンドプロンプトでは，どのディレクトリ（フォルダ）のファイルが作業対象かというカレントディレクトリ（current directory）という考え方があります。カレントディレクトリは，通常，コマンド受け付け中を示す文字列（プロンプトと言います）中に示されています。

□カレントドライブの変更

　コマンドプロンプトでは，どのドライブに対して作業をするかというカレントドライブの考え方があります。カレントドライブをDドライブに変更するには，

```
d:
```

と入力します（大文字小文字は区別しません）。

□ cd：カレントディレクトリの変更

　cdコマンドは，カレントディレクトリを変更します。chdirコマンドも同じものです。

　ディレクトリの指定は，「¥」で始めて，そのドライブのもっとも根元のディレクトリ（ルートディレクトリ）から指定する方法（絶対パス）と，現在のディレクトリを基準に指定する方法（相対パス）があります。

　たとえば，カレントディレクトリが「C:¥windows」であるとき，「D:¥c-prog」に移動するには，

```
d:
```

でカレントドライブをD:に移して，

```
cd ¥c-prog
```

でカレントディレクトリを移動します。

　なお，「cd ¥」でそのドライブのルートディレクトリに移れます。「cd ..」で1つ上の階層のディレクトリに移れます。

□ dir：ファイル一覧の出力

　dirコマンドは，ディレクトリのファイル一覧を出力します。「dir」だけで実行すると，カレントディレクトリのファイル一覧を出力します。

□ type：テキストファイルの出力

　typeコマンドは，ファイル名を指定して，そのテキストファイルを出力します。

□ md：ディレクトリの作成

　mdコマンド（mkdirコマンドも同じものです）は，ディレクトリを作成できます。エクスプローラなどでのフォルダの新規作成と同じです。

□ コマンド履歴の参照

　プロンプトが出ている状態で，↑ ↓ キーでコマンド履歴を参照できます。実行したことがあるコマンドを再度実行するとき（プログラムを修正して再度コンパイルするとき）などに便利です。

付録

A 開発環境の作り方，プログラムの試し方

■ C言語によるプログラミングには，コンパイラが必要です。Cコンパイラにはさまざまなものがありますが，本書では，マイクロソフト社が無償提供しているVisual Studio Community 2019について，インストール方法と使用方法を説明します。

A.1 Visual Studio Community 2019について

Visual Studio Community 2019（以下，単にVisual Studio）は，マイクロソフト社が提供している無償の開発環境の1つです。これでさまざまな開発が行えますが，本書ではC++開発環境を導入してC言語プログラムをコンパイルするのに使用します（多くのC++コンパイラはCコンパイラを兼ねています）。

Visual Studioは，Windows Server 2012 R2，Windows 8.1，Windows Server 2016，Windows Server 2019，Windows 10で動作します。

A.2 Visual Studio Community 2019のインストール

Visual Studioは，次のページから入手できます。

```
https://visualstudio.microsoft.com/ja/vs/
```

ページの中ほどに，「Visual Studioのダウンロード」とありますから，ここから「Community 2019」を選択してください。

インストーラがダウンロードされますので，実行してください。直接実行できない場合は，一度保存してから実行してください。

インストーラが起動したら，ライセンス条項などを確認して，［続行］してください。必要なファイルはインターネットからダウンロードされます。ダウンロード容量が大きいので，インターネット接続状況や，ノートパソコンではバッテリ残量に注意してください。

次に，インストールするものを選択します。ここでは，「C++ によるデスクトップ開発」を選択します。選択したら，［インストール］をクリックしてインストールします。

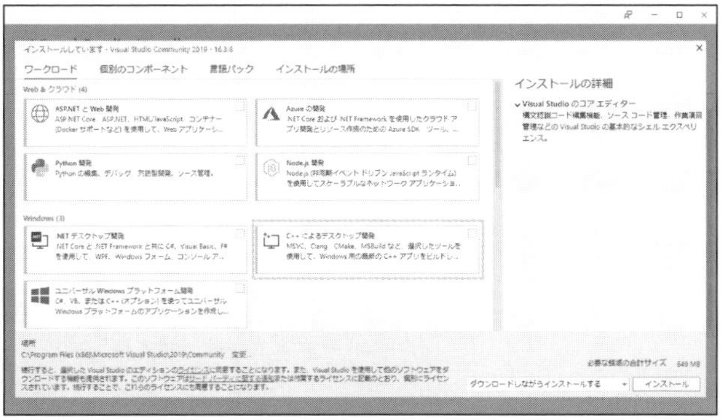

再起動が必要な場合があります。要求されたら再起動してください。

インストールが完了したら，Visual Studio が起動します。起動しない場合は，［スタート］メニューなどから起動させてください。

初回起動時に，サインインを求められます。Microsoft アカウントを持っている場合はサインインできます。本書で行うプログラミングの範囲では，「後で行う。」を選択してかまいません。そのあと，配色設定を尋ねられますので，お好みのものを選んでください。

右のような画面が表示されればインストール完了です。ウィンドウは閉じてかまいません。

本書の内容を超えるプログラムを作成したり，Visual Studio の利用をしたりする場合は，追加インストールやアカウントへのサインインを行ってください。

付録

A.3 プログラムのコンパイルと実行

本書では，テキスト・エディタでソース・プログラムを書き，それを（ウィンドウ内のメニューやボタンを操作するのではなく）文字で指令を出す環境でコンパイルし，実行することを想定しています。

Visual Studio では，エディタなどが組み込まれた環境（統合開発環境）でプログラムを作成する方法が主ですが，本書が想定する環境でもプログラミングができます。

■コマンドプロンプトの起動

［スタート］メニューから，「Visual Studio 2019」のフォルダ内の，「Developer Command Prompt for VS 2019」を実行してください。

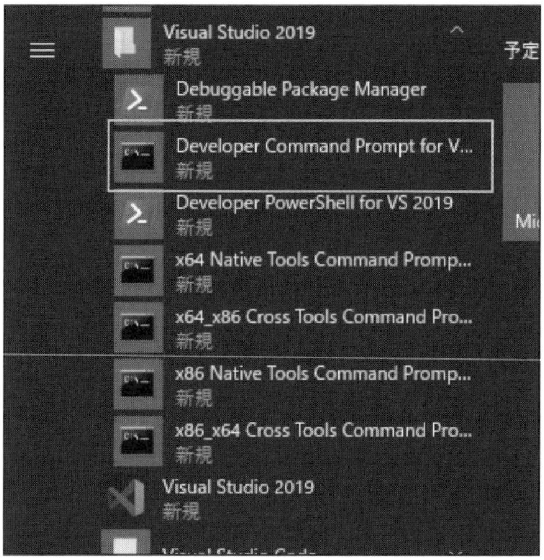

次のようなウィンドウが準備されます。

このウィンドウに，文字で命令を入力し，Enter キーで実行されます。「>」の前に書かれているのは現在作業対象となっているディレクトリ（**カレントディレクトリ**）で，特に指定しないとこのディレクトリ（フォルダ）にあるファイルに対して作業が行われます。

■プログラムの入力

プログラムは，テキスト・エディタに入力します。Windows には，テキスト・エディタとして「メモ帳」が付属していますので（[スタート] メニューの「アクセサリ」から実行できます），さしあたりはこれを使ってもよいでしょう[*1]。

ソース・プログラムをテキスト・エディタに入力します。「**3.1** はじめての C 言語プログラム」（60 ページ）で述べたように，大文字・小文字，全角・半角に注意して入力してください。62 ページの**プログラム 2**（「hello, world」プログラム）であれば，次のように入力できます[*2]。

ソース・プログラムを保存します。このとき，拡張子「`.c`」を付けてください[*3]。保存するフォルダ（ディレクトリ）は，指定しやすいもの（たとえば，「`c:¥c-prog`」など）にしておくことをおすすめします（階層の深いフォルダ，全角文字が含まれるフォルダ，また，「ドキュメント」の中などだと，コマンドプロンプトでの指定が大変です）。

■プログラムのコンパイル

コンパイルは，「Developer Command Prompt for VS 2019」（以下，単に「コマンドプロンプト」）で行います。先ほどのソース・プログラムを，`D:¥c-prog` に `hello.c` として保存したとしましょう。

コンパイルの前に，`cd` コマンドなどを使ってカレントディレクトリをソース・プログラムがあるディレクトリ（フォルダ）に移動させておいてください。たとえば，「`D:¥c-prog`」に移動するには，

---

*1　もちろん，常用しているテキスト・エディタがあればそれを使用してもかまいません。テキスト・エディタについては **1.8.1** でも触れています。

*2　コンパイラによっては，ファイルの最後が改行で終わっていないとエラーになる場合があります（Visual Studio は該当しません）。ファイルの最後は改行で終わらせる習慣を付けておくとよいでしょう。

*3　設定によっては，拡張子が「`.c.txt`」になってしまう場合があります。「フォルダー オプション」の「表示」タブにある，「登録されている拡張子は表示しない」のチェックを外しておくとよいでしょう。

```
d:
```

で D: ドライブに移動したあと，

```
cd ¥c-prog
```

でカレントディレクトリを ¥c-prog に移動します。

コンパイルは，次の操作で実行します。

```
cl ソース・プログラムのファイル名
```

現在の例では，

```
cl hello.c
```

です。実行するとメッセージとコンパイルの経過が出力されていきます。成功すると，次のようになります。

成功した場合，実行可能プログラム「hello.exe」（拡張子が「.exe」のファイル）が作られます。

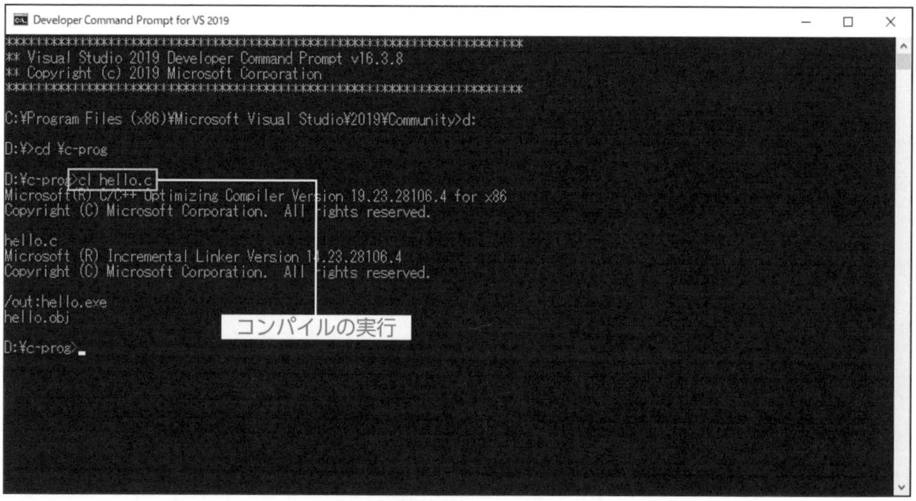

■コンパイルエラー

コンパイラが誤りを検出すると，これが報告されます。たとえば，「printf("hello, world¥n")」とセミコロン「;」を付け忘れてコンパイルすると，

```
hello.c(5) : error C2143: 構文エラー : ';' が '}' の前にありません。
```

のようなエラーが報告されます。エラーが発生した行番号がかっこ内に示され，どんなエラーかが続けて報告されます。私たちは，こういったエラーメッセージをもとに，プログラムを修正しなければなりません。誤りがある箇所は，たいていはかっこ内に示された行の周辺ですが，かっこの対応誤りなどでは，原因となった箇所から離れた場所でエラーが検出されることがあります。

なお，関数の名前を書き誤った場合（たとえば，「printf」を「print」と書いてしまった場合）のエラーは，

```
hello.obj : error LNK2019: 未解決の外部シンボル _print が
関数 _main で参照されました。
hello.exe : fatal error LNK1120: 1 件の未解決の外部参照
```

のように，行番号が示されません。書かれている名前が覚えのないものであれば，その名前をソース・プログラムから検索して，修正してください。

慣れないうちは，全角文字が混じってしまうことがあり，これがエラーの原因になることがあります。特に，全角スペースは見つけにくいので，注意しましょう。

コンパイルエラーとは別に，コンパイル警告（warning）が発生することがあります。警告のみでエラーがなければ，通常，実行可能ファイルは作られます。しかし，実行させると，警告で指摘された事項に起因して意図しない動作になる恐れがあります。警告も，エラーと同様，原因となった箇所を修正しておくべきでしょう[*4]。

■プログラムの実行

コンパイルが成功していれば，拡張子「.exe」を持つ実行可能プログラムファイルが作成されます。このファイル名を，コマンドプロンプトに入力すると，プログラムが実行されます。ここまでの例では「hello.exe」が作成されていますから，

*4　本書のプログラムも，警告のチェックを厳しくすると，コンパイル警告が出るものがあります。これには，コンパイル警告が出ない「もっとよい書き方」があるということですが，この「もっとよい書き方」は，たいてい複雑で，初学時には難しいものを含んでいます。よりよい書き方は，プログラミングについて経験を積み，理解をさらに深めてから習得してください。

```
hello.exe
```

でプログラムが実行されます。

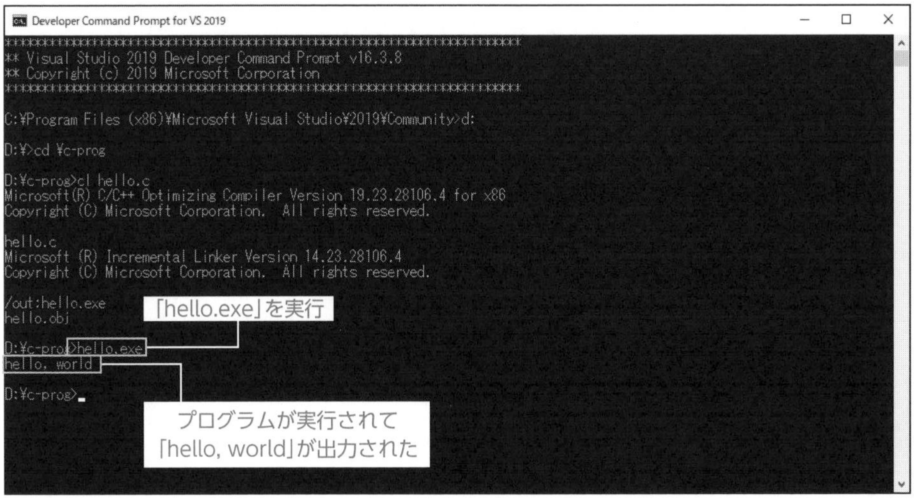

なお，拡張子「.exe」は省略してよく，「hello」だけでもプログラムは実行できます。

■プログラムの停止

たとえば，停止しない繰り返しを書いてしまったりして，プログラムが停止しなくなってしまうことがあります。この場合，Ctrl キーを押しながらCキーを押すことで，プログラムを停止できます。

また，scanf() 関数が実行されて入力待ちになっている状態は，何も起こっていない（プログラムからの反応がない）ように見えますので，注意しましょう（キーボードからの入力はできるはずです）。

Ctrl＋Cも受け付けなくなってしまったら，コマンドプロンプトのウィンドウを閉じて，やり直してください。このとき，プログラムにはたいてい誤りがありますから，修正もしておきましょう。

Column

その他のコンパイラ

本書では，Windows での Visual Studio Community 2019 について説明してきました。私たちは，そのほかのコンパイラも利用できます。

Windows では，Visual Studio Community 2019 の上位版として販売されている，Visual Studio（Professional，Enterprise）でも，本書のプログラムは 241 ページで説明した方法でコンパイル，実行できます。

そのほか，私たちが入手しやすいコンパイラとして，GCC（GNU コンパイラコレクション）の C++ コンパイラ（g++ という名称です），および Clang があります。

Windows では，MinGW や Cygwin（の一部）として GCC が入手できます。macOS では，Clang を含む Xcode が OS に付属しています（インストールされていない場合は追加インストールしましょう）。ソース・プログラムをテキスト・エディタ（テキストエディットでかまいません）で書き，ターミナルからコンパイルします。

UNIX／Linux でも，多くの場合，GCC がインストールされているはずです（ない場合，追加インストールすれば容易に利用できるようになるでしょう）。

GCC の入手・設定・使用方法の詳細は，他の書籍や Web サイトを調べてください。

なお，GCC の C++ コンパイラまたは Clang を使用した場合，コンパイル・実行の手順が Visual Studio の C++ コンパイラと異なる部分があるので，注意しましょう。

B 標準入出力とリダイレクト

- **printf() 関数は「標準出力」と呼ばれるものに対して出力を行っている；通常は標準出力が画面（コンソール）につながっているので，画面出力が得られる**
- **scanf() 関数は「標準入力」と呼ばれるものから文字列を読み取っている；通常は標準出力はキーボードにつながっているので，キーボードから入力ができる**
- **「リダイレクト」と呼ばれる操作で，標準入出力をファイル（またはそれに準ずるもの）につなぎかえられる**
- **標準入力へのリダイレクトは「<」**
- **標準出力のリダイレクトは「>」，すでに存在するファイルへの追記は「>>」**

printf()，scanf() 関数は，画面に文字列を出力したり，キーボードから文字列を入力したりする関数ではありません。これらは標準入出力と呼ばれるものに対して入出力する関数であって，それら標準入出力が，画面やキーボードにつながっているのです。

B.1 標準出力

おなじみの printf() 関数は，**標準出力**（standard output）と呼ばれるものに対して文字を出力する関数です。私たちは，printf() 関数によって，通常は画面に文字が出力されることを知っています。これは，**通常は標準出力が画面に接続されている**と考えなおすことができます。

何らかの方法で，この標準出力をファイルにつなげば，printf() 関数の出力はファイルに書き込まれるでしょう。標準出力をプリンタにつなげれば，printf() 関数の出力はプリンタで印刷されて得られるでしょう。もしかしたら，通常の状態で標準出力が画面以外につながっている環境もあるかもしれません。

B.2 標準入力

一方，scanf() 関数は，**標準入力**（standard input）と呼ばれるものから文字を入力しています。scanf() 関数は，通常はキーボードから入力を行うものでした。ですからこれは，実際は，**標準入力がキーボードに接続されている**ということになります。

標準入力がキーボードでなくファイルにつながっていれば，キーボードからの入力のかわりにファイルから入力ができるようになるでしょう。テキスト・エディタなどで，入力すべきデータのファイルを入力しておけば，それを標準入力につなげて実行することで，ファイルに書かれている文字列がキーボードから入力されたのと同じ効果を持つことになります。標準入力についても，通常の状態がキーボード以外からの入力になっている環境もあるでしょう。

B.3　リダイレクト

UNIX，Linux，MS-DOS（Windows のコマンドプロンプト），macOS のターミナルなどの，文字で指令を出す環境では，入出力を通常とは違うものにつなげることができます。これを**リダイレクト（redirect）**[*1] といいます。

ここでは，リダイレクトの方法として，代表的なものを 3 つ紹介します。

B.4　出力リダイレクト

文字で指令を出す環境において，標準出力を画面でなくファイルにつなぐ（**図 B-1**）には，「>」を使います。プログラムの実行には，プログラムのファイル名を与えます。それに続けて「>」を書き，出力を書き込むファイル名を指定します。

たとえば，Windows のコマンドプロンプトで，「`program.exe`」を実行して，その標準出力を「`result.txt`」に収めるには，

```
program.exe > result.txt
```

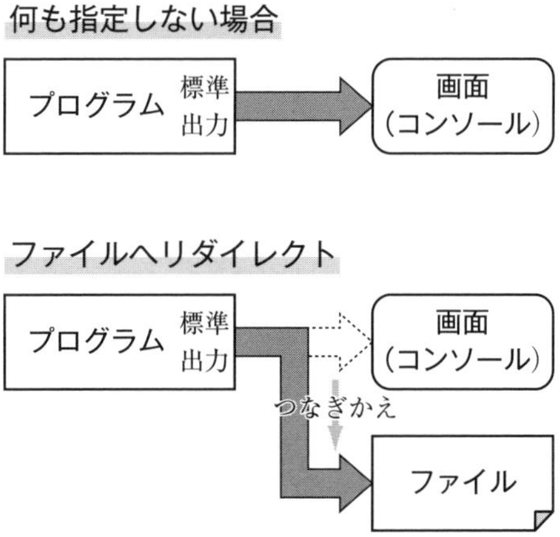

図 B-1

と入力して実行します。このとき注意しなければならないのは，**これまでの標準出力からの画面出力はなくなる**ということです。

*1　もともとの redirect の意味は，「方向を変える」です。この操作をリダイレクション（redirection）と呼ぶこともあります。

出力がすべて標準出力へ行われているプログラムでは，見かけ上何も出力されずプログラムが終了します。しかし，ファイル「result.txt」ができており，これをテキスト・エディタで開いてみれば，program.exe の結果が書き込まれていることが確認できます。

このとき，result.txt がすでに存在しているファイルである場合，ファイルは上書きされます[*2]。

■追記リダイレクト

「>」で標準出力をリダイレクトした場合，新しくファイルが作られ，（一般に）既存のファイルは上書きされます。しかし，「>>」でリダイレクトを指示すれば，標準出力を既存のファイルに追記できます（ファイルがない場合は新しく作成されます）。

たとえば，2つのプログラム「program1.exe」と「program2.exe」があって，その標準出力をともに result.txt に書き込みたいとします。program1.exe の結果に続けて program2.exe の結果を書き込むようにしたければ，

```
program1.exe > result.txt
program2.exe >> result.txt
```

のように続けてコマンドを実行させればよいでしょう。

B.5 入力リダイレクト

標準入力をファイルに接続する（**図B-2**）場合は，「<」を使います。たとえば，program1.exe の入力として，キーボードでなく data.txt を使いたいのであれば，

```
program1.exe < data.txt
```

として実行させます。

このとき用意しておく data.txt は，キーボードから入力するはずのデータを並べたものです。たとえば，通常はキー

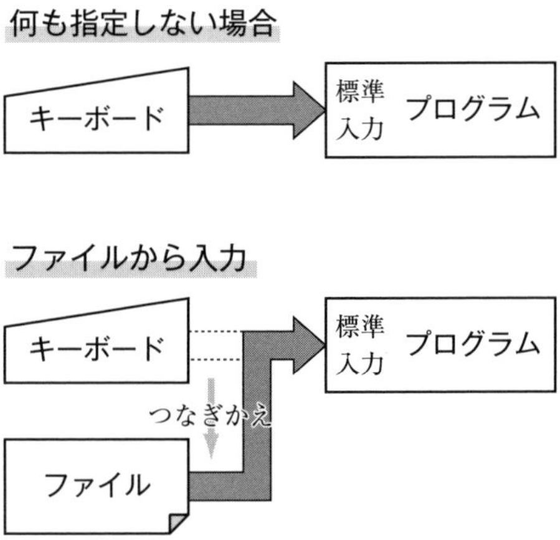

図 B-2

*2　UNIX／Linux では，環境によっては既存のファイルへのリダイレクトを中止する場合もあります。

ボードから,

31 [Enter] 41 [Enter] 59 [Enter]

と入力するプログラムであれば,

```
31
41
59
```

と書かれたファイルを用意しておけばよいのです。

このように，入力すべきものをファイルにして用意しておき，入力リダイレクトで実行させる方法は，同じデータを何度も入力して実行させる場合に，いちいちキーボードから入力する必要がなく，効率的です。また，大量のデータを入力するのにも都合がよいでしょう。

■ファイルから入力してファイルへ書き込む

リダイレクトを組み合わせれば，「ファイルから入力してファイルへ書き込む」こともできます。たとえば，program.exe の標準入力を data.txt につなげ，標準出力を result.txt に書き込む場合は，

```
program.exe < data.txt > result.txt
```

と実行させます。

B.6　標準エラー出力

ところで，標準出力をファイルに接続すると，画面に出力されるはずのものがファイルに書き込まれていきます。結果は書き出されたファイルを見ればよいのですが，プログラムの実行が失敗したり，何らかの異常事態に陥ってしまったりしたとき，画面に何も出てこなければその異常をすぐに知ることはできません。

そこで，標準出力とは別に，**標準エラー出力**という出力系統が用意されます。これも通常は画面に接続されています。通常は，標準出力と標準エラー出力が混ざって画面に出力されているということになるでしょう。それで，標準出力をファイルにつなげても，標準エラー出力は相変わらず画面につながったままです。ですから，突発的事象に対するメッセージを標準エラー出力に出すようにしておけば，標準出力をファイルに接続していても，

画面上で状況を知ることができるのです。

C言語のprintf()関数は標準出力専用ですが，標準出力・標準エラー出力と出力先を指定して出力する関数も用意されています。

課題 125 **6.3**で作成した**プログラム22**（134ページ）の出力を，ファイルresult.txtに出力させてみなさい。

課題 126 **6.4**で作成した**プログラム23**（138ページ）について，40個のデータを，ファイルscore1.txtに用意して，読み込ませて実行させてみなさい。また，この結果をgraph.txtに書き出してみなさい。

課題 127 **課題126**において，もう1組のデータをscore2.txtに用意し，その結果を先ほどのgraph.txtに追記して出力させてみなさい。

Column

パイプ処理

本節で紹介した，標準入出力をファイルなどに接続するリダイレクトに並んで，「プログラムの標準出力を，別のプログラムの標準入力に結び付ける」というパイプ処理（パイプライン処理）があります。これは，2つのプログラムを，縦棒「|」でつないで実行させます。たとえば，

```
program1.exe | program2.exe
```

のように使われます。これにより，program1の標準出力は画面でもファイルでもなく，program2の標準入力に結び付けられます。program1で出力することはprogram2に入力することと同じ，というわけです。

パイプ処理は，小さな処理をするプログラムを次々につなげていって大きな処理を行う手段として，特にUNIX／Linuxで重用されます。

C printf変換

■ printf変換は「%」で始まり，フラグ・最小幅・精度を指定できる

printf()関数では，「%d」などで文字列を後続の引数に置き換えることができます。これらについて，細かく指定することができます。書式は，

% フラグ 最小幅 . 精度 長さ指定 変換文字

で，最低限，「%」と「変換文字」が必要です。「長さ指定」は，通常とは違う型の値を出力させるときに使用されます（ここでは省略します）。

どのような形式の出力が必要かを考えて，printf変換表を調べられるようにしておくとよいでしょう。

C.1 変換文字

変換文字は，どんな値をどんな形式で出力させるかを指定します。

変換文字	値の型	変換後の出力
d	int	10進整数として出力
o	int	8進整数として出力
x	int	16進整数として出力（abcdefは小文字）
X	int	16進整数として出力（ABCDEFは大文字）
f	double	実数を出力
e	double	指数形式で出力（指数部と仮数部の間のeは小文字）
E	double	指数形式で出力（指数部と仮数部の間のEは大文字）
g, G	double	通常の形式と指数形式のうち適した形式で出力
%	—	「%」記号そのものに変換される

ここで，「x」「X」について，16進数の「ABCDEF」が「x」で小文字，「X」で大文字になります。「o」について，先頭に「0」を付けるにはフラグ「#」が必要です。また，「x」

「X」の先頭に「0x」「0X」を付けるにはフラグ「#」が必要です[*1]。

指数形式は，私たちが通常書く 1.259×10^4 のような形式のことで，これは，コンピュータの多くで「1.259E+4」のように表現されます。「E」または「e」をはさんで前が**仮数**《かすう》**部**《ぶ》，後ろが**指数部**と呼ばれます。位取りを表す「10の○乗」の「○」の部分だけが，「E」「e」の後ろに続きます。前掲の例では，「10^4」ですから「+4」ということです。

C.2 最小幅

「最小幅」で「少なくとも何桁《けた》の幅で」出力するのか指定できます。桁揃えに便利です。

「%4d」と指定すると，「整数を少なくとも4桁幅で」ということになり，「15」を出力させようとすると「□□15」(「□」は空白を表す；以下同様）のようになります。ただし，10000を出力させようとすると，これは5桁ですから，5文字分を使って「10000」と出力されます。

小数点以下を含む場合，**最小幅には符号・小数点もカウントされる**ことに注意してください。たとえば，「12.345」の幅は5ではなく，6です。また，「-123」の幅は，4になります。

C.3 精度

「精度」は，先頭にピリオドを付けます。

「%f」については，小数点以下何桁まで出力させるかを決めます。「%.2f」では，小数第2位まで出力させます。精度を「0」とすると，整数に丸め，小数点も出力しません。

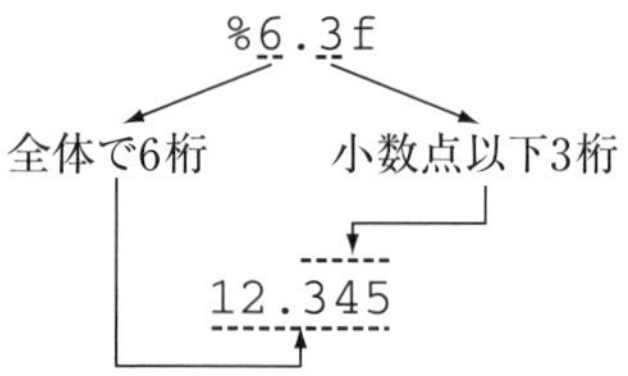

図 C-1

最小幅と組み合わせるとき，符号・小数点も幅に含まれることに注意します。たとえば「%6.3f」は，「全体で6桁，小数点以下3桁」で（**図 C-1**），整数部分が3桁以上になると，指定された幅を超えます。

「%e」「%E」については，有効数字の桁数を指定します。

整数については，出力する数字の最小個数を指定します。

*1 C言語では，先頭に「0」が付く整数は8進表記，「0x」または「0X」が付く数は16進表記であるという約束があります。

C.4 フラグ

「%」の直後に，いくつかのフラグを与えて詳細な出力形式を指定できます。複数のフラグを与える場合，順不同です。

■ -：左ぞろえ指定

フラグ「-」を与えると，左ぞろえで出力されます。たとえば，「15」を出力するとき，

- 「%4d」では「□□ 15」
- 「%-4d」では「15 □□」

となります。

■ +：常に符号付きで出力

フラグ「+」では，正の値の場合に符号「+」を付けて出力します。たとえば，「15」と「−15」をそれぞれ出力させるとき，

- 「%d」では「15」「-15」
- 「%+d」では「+15」「-15」

となります。

■ スペース：符号がなければスペースに

スペースをフラグとして指定すると，先頭が符号でない場合，空白に置き換えます。たとえば，「15」と「−15」をそれぞれ出力させるとき，

- 「%d」では「15」「-15」
- 「% d」では「□ 15」「-15」

となります。

■ 0：先頭をゼロ詰め

「0」がフラグとして指定されると，最小幅に達するまで先頭がゼロ詰めされます。たとえば，「15」を「%04d」で出力させると，「0015」となります。

付録

■ #：別の出力形式

フラグ「#」は，別の出力形式を指定します。

- 変換文字「o」に対しては，先頭に「0」を付けます
- 変換文字「x」「X」に対しては，先頭に「0x」「0X」を付けます
- 変換文字「e」「E」「f」「g」「G」に対しては，（精度が「.0」であっても）小数点を必ず出力します

■ 複数のフラグを与える

複数のフラグを与えて，出力形式をコントロールできます。たとえば，「%+06d」に対して，「120」を出力させると，これは「常に符号付き，ゼロ詰め，6 桁幅」ですから，「+00120」と出力されます。

C.5 最小幅・精度を引数で与える

printf 変換の最小幅・精度は，引数で与えることができます。このとき，最小幅・精度にあたるものには，「*」を書いておきます。たとえば，

- 「%*d」は，最小幅を引数で与えることを示します
- 「%7.*f」は，精度を引数で与えることを示します
- 「%*.*f」は，最小幅も精度も引数で与えることを示します

「*」で示された最小幅・精度は，int 型の値として，順に引数に与えます。たとえば，

```
printf("%*d", a, x);
```

は，a が「%*d」の「*」にはめ込まれる値であり，x が a がはめ込まれた「%*d」の書式で出力されるべき値です（**図 C-2**）。すなわち，a が 5 であれば，「%5d」として出力させることになります。精度のみが「*」になっている場合も同様です。

最小幅・精度が両方「*」になっている場合，それらを指定するのに 2 つの値が必要です。

```
printf("%*.*f", a, b, x);
```

は，a が最小幅，b が精度，x が「%*.*f」にはめ込まれる値です。

出力させる値が複数の場合も同様で，

```
printf("%0*d: %*.*f¥n", a, n, b, c, x);
```

については，

- a：「%0*d」の最小幅
- n：「%0*d」で出力される値
- b：「%*.*f」の最小幅
- c：「%*.*f」の精度
- x：「%*.*f」で出力される値

となります。

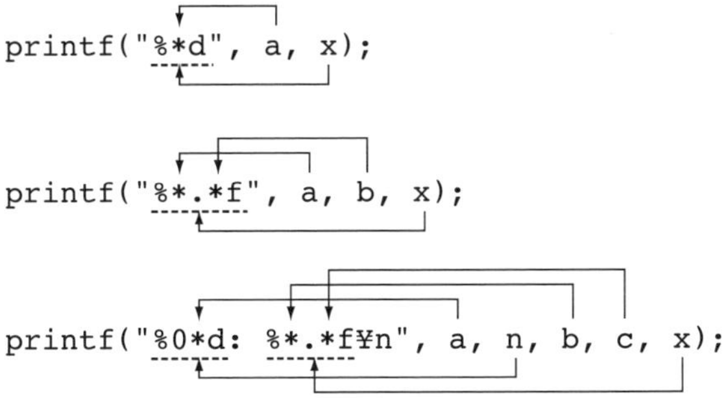

図C-2

D 標準ライブラリ関数

- Cコンパイラには，標準ライブラリ関数群が付属している
- 使用する関数によって，**#include**で読み込むファイルが決まっている

ここでは，代表的なライブラリ関数を紹介します。関数は，宣言の形で示します。引数の型について，「const char *」は文字列のこと，「...」は引数の数が可変であるやや特別な形式の関数であると理解してください。

D.1 入出力：<stdio.h>

入出力に関する関数は，<stdio.h>に含まれています。

int printf(const char *format, ...)

format に与えた書式で，標準出力に出力します。「%」で始まる文字列が，後続の引数の値に置き換えられて出力されます。戻り値は出力した文字数で，失敗時には負の値を返します（printf 変換は，**付録 C**〈251 ページ〉を参考にしてください）。

int scanf(const char *format, ...)

標準入力から，format に従って入力を解釈し，2 つめ以降の引数の変数に収めていきます。変数に収めた個数が戻りますが，失敗したときは EOF（<stdio.h> で定義されている記号定数）が返ります（scanf 変換は，資料〈270 ページ〉を参考にしてください）。

int puts(const char *s)

文字列 s を標準出力に出力します。最後に改行します。printf() 関数と異なり，単に与えられた文字列を出力するだけです。戻り値は，失敗すると EOF，成功すると負でない値です。

D.2 数学関数：<math.h>

数学関数は，<math.h> を読み込んで使用します。コンパイラによっては，コンパイル時に「-lm」のようなオプションが必要な場合があります。

double sin(double x)

x の正弦（$\sin x$）を返します。引数の単位はラジアンです。

double cos(double x)

x の余弦（$\cos x$）を返します。引数の単位はラジアンです。

double tan(double x)

x の正接（$\tan x$）を返します。引数の単位はラジアンです。x に円周率の半分の奇数倍を与えると，エラーになります。

double exp(double x)

指数関数 e^x の値を返します。

double log(double x)

x の自然対数 $\log x$（底は e）を返します。x は正でなければなりません。

double log10(double x)

x の常用対数 $\log_{10} x$（底が 10 の対数）を返します。x は正でなければなりません。

double pow(double x, double y)

x の y 乗 x^y を返します。「x が 0 かつ y が負」または「x が負かつ y が整数でない」値を与えてはいけません。

double sqrt(double x)

x の正の平方根 $\sqrt{x}$ を返します。x に負の値を与えてはいけません。

double ceil(double x)

x 以上の最小の整数を返します（天井関数）。x が正の値ならば「小数点以下切り上げ」です。戻り値が double 型であることに注意します。

double floor(double x)

x 以下の最大の整数を返します（床関数）。x が正の値ならば「小数点以下切り捨て」です。戻り値が double 型であることに注意します。

double fabs(double x)

x の絶対値を返します。

double fmod(double x, double y)

x を y で割った余りを返します。戻り値は x と同じ符号を持ちます。

D.3　ユーティリティ：<stdlib.h>

<stdlib.h> はさまざまなユーティリティを含みます。ここでは，乱数に関連するものに絞って紹介します。

int rand(void)

0 以上記号定数 RAND_MAX（定義されています）以下の擬似乱数を返します。

void srand(unsigned int seed)

擬似乱数の値は，「種」と呼ばれる値に基づいて計算されます。seed に擬似乱数の「種」を指定します。実行ごとに毎回異なる乱数を得るために，システムの時計の値を使用するのが定石です（<time.h> を読み込んで time() 関数を呼ぶ；プログラム開始時に「srand((unsigned int)time(NULL));」を実行します）。

E　C言語プログラムのコーディングスタイル

- C言語プログラムは「フリーフォーマット」だが，読みやすさのための書き方がある
- 空行・字下げ・空白・コメントを利用して，読みやすいプログラムを書くことを心がける

C言語をはじめとした，多くのモダンなプログラミング言語は，フリーフォーマットと呼ばれるコードの書き方で，空白や改行には区切り以上の意味はありません。逆に，これらのプログラミング言語では，コンピュータのためではなく，「自分で読む」「他人が読む」ために，適切な書法で記述する必要があります。

「フリーフォーマット」なのですから，その書き方も「自由」ですが，およそ合意される書き方（**コーディングスタイル**）があります。細かい点は，プログラムを書く人の好みや信条にも関わるので，絶対的・最良のものは存在しません。一方で，少なくとも「誰にでもわかるように」書くことは必要になっています。

E.1　改行

C言語では，1行に1つの文を書くのが一般的です。ただし，複数の処理が「非常に強く関連するひとまとまり」であることを示すのに，2つ以上の文を1行に書くこともあります。

また，1文が長くなりすぎるときは，文中の区切りやすいところで区切ることがあります。そのとき，続きの行は（続きの行であることを示すために）ある程度字下げするのが一般的です。

「{」の前に改行することを好む人もいます。

E.2　空行

何も書かずに改行する「空行」を作ることもあります。たとえば，

- #include，#define と関数の間
- 関数と関数の間
- 関数内の，宣言部と処理の記述の間
- 処理のまとまりの間

のような箇所に，空行をはさむことが好まれます[*1]。区切りの大きいところには，複数行の空行を入れることもあります。

E.3　字下げ

処理のまとまりを示すのに，「字下げ（インデント）」をします。字下げ幅は，1段階あたり，2・4・8字のいずれかが一般的で，プログラム中では一貫して使用します。

一般に，「{」が1個現れた次の行から，それに対応する「}」の前の行まで，1段階字下げします（すなわち，「{」を書いた行と，それに対応する「}」を書く行の先頭が揃う形になります）。

E.4　コメント

コメントは，基本的には何を書いてもかまいませんが，

- 動作の説明
- メモ
- 注意事項
- 変更・改訂履歴

を書くのが一般的です。行の末尾に添える場合，1つの行をコメントに使用する場合，目立つように複数行のコメントを作る場合もあります[*2]。

動作の説明に係るコメントは，「どんな動作か」を書くのではなく（「`a = 0;`」に対して「aに0を代入する」と書くのではなく），その動作がどんな意味を持っているのかを書く（「要素番号を指す変数は0（先頭）に初期化しておく」など）ように心がけましょう。

E.5　コーディング例

次ページに，コードの例を掲げます。改行は少なめ，空行は多め，字下げ1段階は2文字分のスタイルです。

細かい点としては，ほとんどの演算子の前後に空白を入れ，起こしかっこの直後，受け

---

*1　プログラミングの書籍・雑誌では，「紙面の都合」で空行が省かれることも多くあるので，承知しておきましょう。

*2　C言語のコメントは，「`/* …… */`」の形式です。厳密にはC++，Javaの（行末まで）コメント「`// ……`」は使えません。しかし，多くのコンパイラは「`// ……`」の形式も許します。

かっこの直前の空白はありません。if，for，などに続くかっこの直前は空白を入れるスタイルを採用しています。

```
/* ------------------------------------------- *
* 選択ソート（整数，昇順）のプログラム
* 2007/02/01
* ------------------------------------------- */

#include <stdio.h>

#define N 10


/* size 個の整数の配列 a[] を出力させる関数 */
void printAry(int a[], int size) {
  int i;

  for (i = 0; i < size; i++) {
    printf("%d ", a[i]);
  }
  printf("¥n"); /* 最後に改行だけ出力 */
  return;
}


/* main() 関数 */
int main(void) {
  int x[N], i, j, k, tmp;
```

複数行に渡るコメントの例です。プログラムの冒頭に，どんなプログラムか，いつ・誰が作成したかをコメントとして書き込むことがあります。

#include と **#define** の間に空行を入れています。

#define と関数の間に2行の空行を入れました。

関数についての説明をコメントとして書いています。

「{」が1個開かれたので1段階字下げしました。

変数の宣言・定義と処理内容の間に空行を入れています。

for ループの「{」のため，さらに1段階字下げしています。

行末に注意としてコメントを入れました。

関数の間に2行の空行を入れました。

```

  /* N 個の整数を読み込む */
  for (i = 0; i < N; i++) {
    scanf("%d", &x[i]);
  }
  /* 整列前の配列を出力 */
  printAry(x, N);

  /* 選択ソート */
  for (i = 0; i < N - 1; i++) {
    /* x[i]~x[N - 1] の最小値を見つける */
    k = i; /* 仮の最小は x[i] とする */
    for (j = i + 1; j < N; j++) {
      if (x[j] < x[k]) { /* 暫定最小値より小さかったら */
        k = j; /* 暫定最小値を持つ要素番号を更新 */
      }
    }
    /* x[i] と最小値を持つ要素 x[k] を交換 */
    tmp = x[i]; x[i] = x[k]; x[k] = tmp;
  }

  /* 整列済みの配列を出力 */
  printAry(x, N);
  return 0;
}
```

変数の宣言・定義と処理内容の間に空行を入れています。

直後の処理内容についてコメントを記述しています。

処理の大きな区切りに空行を入れました。

ループが深くなったり，**if** 文が入れ子になったりすると字下げ幅が大きくなります。「}」はどの行と対応しているかがひと目見てわかるように書きます。

4 行前の **for** 文を閉じる「}」です。

「交換」の一連の操作を示すために 3 文を 1 行で書きました。

10 行前の **for** 文を閉じる「}」です。
対応するかっこどうしが遠い場合，
対応箇所をコメントで示すのもよいでしょう。

演習課題

課題 128 うるう年は，西暦年に対して次のように決められる。

- 4 で割り切れる年はうるう年。
- ただし，4 で割り切れても 100 で割り切れればうるう年ではない。
- ただし，100 で割り切れても 400 で割り切れればうるう年。

西暦年を入力し，それがうるう年かどうか判定するプログラムを書きなさい。

課題 129 昭和元年（1 年）は西暦 1926 年，平成元年（1 年）は西暦 1989 年，令和元年（1 年）は西暦 2019 年である。1926 年以降の西暦年を入力して，和暦年を出力するプログラムを書きなさい。ただし，西暦年しか入力しないので，1926 年は無条件で「昭和 1 年」，1989 年は無条件で「平成 1 年」，2019 年は無条件で「令和 1 年」とみなすものとする。

課題 130 次の仕様を満たすプログラムを書きなさい。

- 正の整数を入力していき，その個数・最大値・平均を求めて出力する。
- 入力の終了は正でない値とし，これはデータの数に含めない。
- 平均は，小数点以下も求める。
- 初回から 0 以下を入力した場合は，「データがありません」とだけ出力して終了する。
- 整数以外の入力は，考えなくともよい。

課題 131 10 個の要素 { 17, 32, 5, 8, 7, 56, 88, 77, 29, 35 } を持つ `int` 型の配列 `a[]` がある。1 個の整数を入力して，その値を `a[]` に追加したとすると何番目に大きな値となるかを出力するプログラムを作りなさい。たとえば，「50」を入力すると，「4」が出力される。

課題 132 10 個の要素 { 17, 32, 5, 8, 7, 56, 88, 77, 29, 35 } を持つ `int` 型の配列 `a[]` がある。1 個の整数を入力して，その値に最も近い `a[]` の要素の値を出力するプログラムを作りなさい。ただし，最も近い値が複数ある場合は，小さいほうを出力させるものとする。「最も近い値」は，「差の絶対値が最小になる値」であることに注意しなさい。

課題 133 昇順に並べられた 20 個の整数のデータ 2 組を a[] と b[] に格納する。a[] と b[] のいずれにも含まれている値を抜き出して出力させるプログラムを作りなさい。単純には，a[] のそれぞれの値を，b[] から探索するアルゴリズムが考えられるが，a[] も b[] も整列済みであることを利用すれば高速なアルゴリズムを利用できる。

課題 134 0 を入力するまで最大 100 個の正の整数を入力する。0 を入力して入力が完了したら，それぞれのデータの，全体に対する構成比を百分率（小数点以下も表示する）で出力させるプログラムを作りなさい。負の数および 100 個を超える入力は考えなくてもよい。たとえば実行例は次のようになる（入力は下線で表している）。

```
31
41
59
26
53
0
# 0: 31 14.76%
# 1: 41 19.52%
# 2: 59 28.10%
# 3: 26 12.38%
# 4: 53 25.24%
```

このプログラムを，データをファイルから入力させて実行させてみなさい。

課題 135 定形外郵便物のうち，規格内サイズ（34 cm × 25 cm × 3 cm 以内）の料金は，2019 年 10 月現在，右の表のように設定されている。規格内定形外郵便物の重量を，グラム単位で入力して，その料金を出力するプログラムを作りなさい。1 kg を超える郵便物は規格外サイズになるので，1000 を超える値が入力されたら「規格外です」と出力させるようにしなさい。処理手順としては，`if` 文で次々に分岐していくこともできるが，ここでは，配列 `w[]` に重量の階級の値，`f[]` に階級に対応する郵便料金を用意しておき，入力された重量に対して `w[]` を参照して何番目の階級にあたるかを調べ，その階級に対応した `f[]` の値を出力させるようにしなさい。

重量	料金
50 g まで	120 円
100 g まで	140 円
150 g まで	210 円
250 g まで	250 円
500 g まで	390 円
1 kg まで	580 円

課題 136★ n 個から r 個を取る組み合わせの数 ${}_nC_r$ について，次の関係がある。

- ${}_nC_r = {}_{n-1}C_{r-1} + {}_{n-1}C_r$
- ${}_nC_0 = 1$， ${}_nC_n = 1$

上記の関係を用いて，プログラム中の記号定数 `N` について， ${}_nC_r$（$n = 0$，1，2，……，`N`）の表を出力するプログラムを作りなさい。たとえば，`N` が 5 であるとき，以下のような出力が期待される。

```
1
1 1
1 2 1
1 3 3 1
1 4 6 4 1
1 5 10 10 5 1
```

なお，このプログラムは 2 次元配列を利用すると簡単に作れる。しかし，計算の手順を工夫することで，`N + 1` 個の要素を持つ 1 次元配列だけでも同様の出力が得られる。2 次元配列を使う方法，1 次元配列のみで行う方法，両方について考えてみなさい。

課題 137 int 型の配列 a[] と，int 型の値 s，e を受け取り，a[s] から a[e - 1] の要素を 1 つずつ要素番号が大きい要素に移し，最初 a[e] にあった要素を a[s] に移す関数 void rotateR(int a[], int s, int e) を作りなさい。

課題 138 **課題 137** で作成した rotateR() を用いて，挿入ソート（**7.4**〈174 ページ〉）のプログラムを作成しなさい。このとき，rotateR() は，挿入ソートのアルゴリズムにおける「a[s] 以降を 1 つずつ後ろにずらし，a[e] の要素を a[s] に挿入する」操作に対応していることに注意しなさい。

課題 139 与えられた正の整数の，各桁の数字を合計して返す関数 int sumFig(int n) を作りなさい。たとえば，sumFig(3141) は，3+1+4+1＝9 を返す。

課題 140 9 の倍数であることは，各桁の数字の和が 9 の倍数になることと同値である。20,000 までの正の整数について，「9 の倍数」と「各桁の数字の和が 9 の倍数になる数」をリストアップし，その集合が等しくなることを，プログラムによって確認しなさい。このとき，**課題 139** で作成した関数 sumFig() を使いなさい。

課題 141 整数 x，負でない整数 y について，x^y は，1 に x を y 回かけるという手順で求められる（ただし $0^0=1$ とする）。ここで，y が 2 以上のときは，x^2 を計算したものをあらかじめ用意しておくことで，かけ算の回数を半分程度に減らすことができる。この方針で x^y を求めるプログラムを，次のように作成したい。空所を補充してプログラムを完成させなさい。

```
#include <stdio.h>

int main(void) {
  int p = 1, x, y, x2;

  scanf("%d%d", &x, &y);
  /* y が奇数だったら 1 回だけかけ算しておく */
  if ( [ あ ] ) {
    p = x;
    y--;
  }
```

```
    /* xの2乗を計算しておく */
    x2 = [ い ];
    /*「xの2乗」をかけていき，xのy乗を求める */
    for (;[ う ];[ え ]) {
      p *= x2;
    }
    printf("%d¥n", p);
    return 0;
}
```

課題 142 **課題 141** のプログラムにおいて，yが0のとき（xの値に関わらず）1が正しく出力されることを確認しなさい。また，yが0，1，2，……，10のときそれぞれについて，かけ算が実行される回数を数えなさい。これは，「1にxをy回かける」アルゴリズムに比べて，どう異なっているか。

課題 143 2以上の整数を入力し，これを素数の積に分解する**素因数分解**のプログラムを作りたい。この出力は，たとえば，84を入力したら，

```
84 = 2 2 3 7
```

となるものとする。素因数分解するには，

- 2（最小の素数）で与えられた数が割り切れるか調べる
- 割り切れたらそれを素因数として出力し，与えられた数をその素数（2）で割る
- 割り切れなかったら，次の素数について，同様に割れるかを調べていく
- 与えられた数が素数で割られた結果，1になったら素因数分解が完了する

という手順をとればよい。ただし，下線部「次の素数について」について，「次の素数を求める」のは，素数リストを持たないため，実現するのは難しい。そこで，これは，「次の整数について」と書き換えても，処理に無駄が多くなるものの，同じ結果が得られるようになる。というのは，合成数はそれより小さい素数の積でできているから，それより小さい素数ですでに割れなくなるまで割っていれば，合成数で割り切れることが起こらないからである。このプログラムを，空所を補充して完成させなさい。

```
 1:  #include <stdio.h>
 2:
 3:  int main(void) {
 4:    int n, p = 【あ】;
 5:
 6:    scanf("%d", &n);
 7:    printf("%d =", n);
 8:    while (【い】) {
 9:      while (【う】) {
10:        printf(" %d", p);
11:        n /= p;
12:      }
13:      p++;
14:    }
15:    printf("¥n");
16:    return 0;
17:  }
```

課題 144 **課題 143** のプログラムの 9～13 行は，次のようにも書き換えられる。書き換えて正しく動作するように，空所を補充しなさい。

```
if (【え】) {
  printf(" %d", p);
  【お】;
} else {
  【か】;
}
```

課題 145 高速に素数を発見するアルゴリズムとして，**エラトステネスのふるい**（**図 E-1**）が知られている。これは，2 から始まる整数の列を用意し，

- 列の中で最小の，印の付いていない数に○を付ける
- ○を付けた数の倍数を消す

を繰り返すことで，○を付けた数が素数として得られる，というものである。

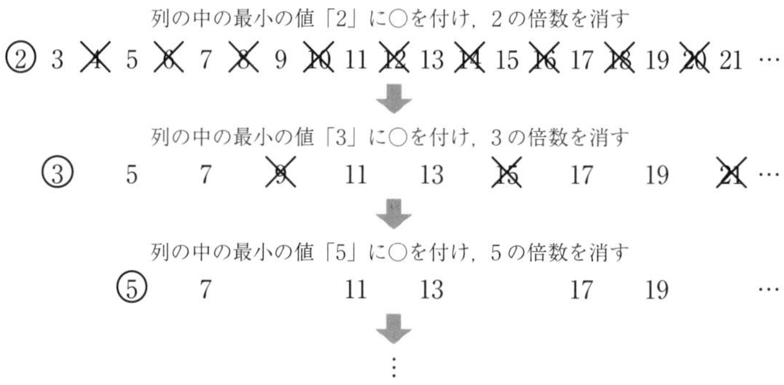

図 E-1

これをC言語でプログラムしたい。このために，配列 a[] を用意して，k が消されていなければ a[k] を 0，消されていれば a[k] を 1 と約束する。記号定数 N までの素数を求めるとして，プログラムを次のように作成したとき，空所を補充して完成させなさい。

```
#include <stdio.h>
#define N 1000

int main(void) {
  int a[N + 1]; /* a[N]まで使うので個数はN + 1 個 */
  int i, j;

  /* a[]を0で初期化する */
  [  あ  ]
  /* エラトステネスのふるい */
  for (i = [  い  ]; i <= N; i++) {
    if ([  う  ]) { /* 素数が見つかった */
      printf("%d¥n", i);
      /* i の倍数を消す */
      for (j = [  え  ] ; j <= N; [  お  ]) {
        a[j] = 1;
      }
    }
  }
  return 0;
}
```

資料

■ C言語の予約語

以下に示す語は，C 言語にとって特別な意味を持つ語（**予約語，キーワード〈keyword〉**）なので，変数名や関数名などに使用することはできません。

auto	break	case	char	const
continue	default	do	double	else
enum	extern	float	for	goto
if	int	long	register	return
short	signed	sizeof	static	struct
switch	typedef	union	unsigned	void
volatile	while			

■ 演算子の優先順位

C 言語の演算子には優先順位があります。本書で扱った演算子について，その優先順位を高いものから順に示します。

- ()（関数呼び出し），[]（配列の添え字）
- !（論理否定），++（増分），--（減分），+（正の符号），-（負の符号），(型名)（キャスト）
- *（乗算），/（除算），%（剰余）
- +（加算），-（減算）
- < （より小さい），<=（以下），> （より大きい），>=（以上）
- ==（等しい），!=（等しくない）
- &&（論理積）
- ||（論理和）
- =（代入），+=，-=，*=，/=，%=（演算して再代入）

演算子で結ばれたそれぞれの項は，上記にあげたものについては「&&」「||」以外，評価順序は規定されていません。「&&」「||」については，まず左の値を評価して，その時点で真偽が決定する場合は右の値を評価しません（ショートサーキット；真偽が決定しないときのみ右側を評価します）。

また，かっこを使って，演算の優先順位を上げることができます。

■エスケープシーケンス

文字列中では，直接入力できない文字を特別な記法（**エスケープシーケンス**といいます）で表す必要があります。この特別な記法は「¥」で始まります。円記号「¥」は，環境によってはバックスラッシュ「\」という別の記号に見えることがあります。

- ¥n：改行
- ¥t：水平タブ
- ¥¥：「¥」そのもの
- ¥"：二重引用符「"」
- ¥0：文字列の終端（ヌル文字）

■scanf変換

scanf() 関数は，書式指定文字列は「%」で始まります。読み込んだ値をどのように解釈し，どの型の変数に収めるかによって，文字列が異なります。

- %d：10進整数をint型変数に収める
- %i：整数をint型変数に収める（入力文字列の先頭が0なら8進数，0xまたは0Xなら16進数として解釈する）
- %o：8進整数をint型変数に収める
- %x：16進整数をint型変数に収める
- %f：float型変数に収める
- %lf：double型変数に収める
- %%：「%」そのものと合致する

あとがき

ここまで，C 言語を使ってプログラミングの基礎を学んできました。本書を通じてみなさんが作れるようになったプログラムは，まだ小さく，頼りないものばかりかもしれません。しかしそれでも，私たちの指示で，コンピュータは確かに動いてくれました。これにある種の感慨を覚えた方もいるでしょう。当たり前のように使っているコンピュータソフトウェアに対して，認識を新たにした方もいるでしょう。

さて，わたしのご案内は，ひとまずここまでとしたいと思います。本書で積み残した事項，厳密に説明しなおすべき事項もありますが，これらは，みなさんが今後学ぶべきことです。幸いなことに，みなさんがここからステップアップしていくための本や資料は，数多く用意されています。プログラミング言語としての C 言語，問題を解決するためのアルゴリズム，目的に合ったプログラミングのための知識，そして，コンピュータ・プログラミングを取り巻くさまざまな事柄，それぞれに理解を深めていってくだされればと思います。理解と経験は，コンピュータに大きな力を与えていく糧となるはずです。

最後に，本書は，群馬工業高等専門学校電子情報工学科での授業資料を基に編まれました。1 冊の本としてまとめることができたのは，電子情報工学科のスタッフおよび学生のみなさんのご意見やフィードバックのおかげです。感謝申し上げます。また，編集の労を執ってくださった池本公平氏に，感謝いたします。

2009 年 8 月
牛 田 啓 太

改訂版あとがき

ここに，2009年に発行した『教える・学ぶ「C言語入門」』の改訂版として本書『基礎C言語［入門編］』を上梓することができました。

プログラミング教育にいっそう力が入れられることになり，これからのリテラシーの1つとしてプログラミングの素養の地位が確立されていくことでしょう。その中で，本書を手に取られた方が，この「現代の素養」の1つを学ぶ一歩を確実に踏み出せるよう，期待しています。

改訂版の編集に当たっては，本書の初版でC言語を学習し，現在プログラマ等として活躍している方々の意見を取り入れました。「プログラミングの現場」の実際が取り入れられていると思います。ご意見をくださったみなさまに感謝申し上げます。

2020年1月

牛田啓太

索　引

え

か

き

く

け

こ

さ

し

ひ

ふ

へ

ほ

ま

み

め

も

ゆ

よ

ら

り

ろ

■著者プロフィール

牛田　啓太（うしだけいた）

1977 年，群馬県生まれ。2000 年，東京大学工学部電子情報工学科卒業。2005 年，東京大学大学院情報理工学系研究科電子情報学専攻博士課程修了。

群馬工業高等専門学校電子情報工学科講師を経て，現在，工学院大学情報学部情報通信工学科准教授。

著書に『HTML 4.0 正攻法』（共著）など。博士（情報理工学）。

■ Staff

本文設計・組版　株式会社トップスタジオ
装　丁　株式会社トップスタジオ
デザイン室（轟木亜紀子）
担　当　池本公平
本文イラスト　富田悠里
表紙イラスト　飯塚菜々美

Web ページ
https://gihyo.jp/book/2020/978-4-297-11211-0
※本書記載の情報の修正・訂正については当該 Web ページで行います。

■お問い合わせについて

- ご質問は，本書に記載されている内容に関するものに限定させていただきます。本書の内容と関係のない質問には一切お答えできませんので，あらかじめご了承ください。
- 電話でのご質問は一切受け付けておりません。FAX または書面にて下記までお送りください。また，ご質問の際には，書名と該当ページ，返信先を明記してくださいますようお願いいたします。
- お送りいただいた質問には，できる限り迅速に回答できるよう努力しておりますが，お答えするまでに時間がかかる場合がございます。また，回答の期日を指定いただいた場合でも，ご希望にお応えできるとは限りませんので，あらかじめご了承ください。

■問合せ先

〒 162-0846
東京都新宿区市谷左内町 21-13
株式会社技術評論社　雑誌編集部
「基礎 C 言語［入門編］」係
FAX　03-3513-6179

基礎 C 言語［入門編］
――コンピュータの基本から理解するプログラミング

2020 年 3 月 5 日　初版　第 1 刷発行

著　者　牛田《うしだ》　啓太《けいた》
発行者　片岡　巌
発行所　株式会社技術評論社
東京都新宿区市谷左内町 21-13
電話　03-3513-6150　販売促進部
03-3513-6170　雑誌編集部
印刷／製本　昭和情報プロセス株式会社

定価はカバーに表示してあります。

造本には細心の注意を払っておりますが，万一，乱丁（ページの乱れ）や落丁（ページの抜け）がございましたら，小社販売促進部まで送りください。送料負担にてお取替えいたします。

ISBN 978-4-297-11211-0 C3055
Printed in Japan